中国新石器时代纺轮再研究

饶崛　程隆棣　著

中国纺织出版社有限公司

内 容 提 要

本书以新石器时代考古发掘的纺轮形制数据及图片信息为基础，通过数据统计分析、实验验证及对比分析，分别对纺纱工艺的诞生和发展，中国原始纺轮的诞生、发展和纺纱特点及纺轮在现代纺纱系统中的演变进行系统的学术研究，对纺轮发展规律、演变动因、原始纺纱技术水平进行数据与理论分析。

本书是一本以工学研究为基础，以史学论证为辅助的中国古代纺织技术史专著，可供纺织技术史专业相关师生及研究者使用。

图书在版编目（CIP）数据

中国新石器时代纺轮再研究／饶崛，程隆棣著．--北京：中国纺织出版社有限公司，2022.4

ISBN 978-7-5180-9361-8

Ⅰ.①中… Ⅱ.①饶… ②程… Ⅲ.①纺纱工艺—技术史—中国—新石器时代 Ⅳ.① TS1-092

中国版本图书馆 CIP 数据核字（2022）第 032503 号

责任编辑：苗 苗　　责任校对：寇晨晨　　责任印制：王艳丽

中国纺织出版社有限公司出版发行
地址：北京市朝阳区百子湾东里 A407 号楼　邮政编码：100124
销售电话：010—67004422　传真：010—87155801
http://www.c-textilep.com
中国纺织出版社天猫旗舰店
官方微博 http://weibo.com/2119887771
天津千鹤文化传播有限公司印刷　各地新华书店经销
2022 年 4 月第 1 版第 1 次印刷
开本：787 × 1092　1/16　印张：12.5
字数：200 千字　定价：88.00 元

感谢下列项目和组织的大力资助：

湖北省社科基金一般项目（后期资助项目）（2020084）

武汉纺织大学学术著作出版基金

武汉纺织大学纺织科学与工程学院

纺织新材料与先进加工技术国家重点实验室（武汉纺织大学）

纺织面料技术教育部重点实验室（东华大学）

中国棉纺织行业协会

武汉纺织大学期刊社

湖北省非物质文化遗产研究中心（武汉纺织大学）

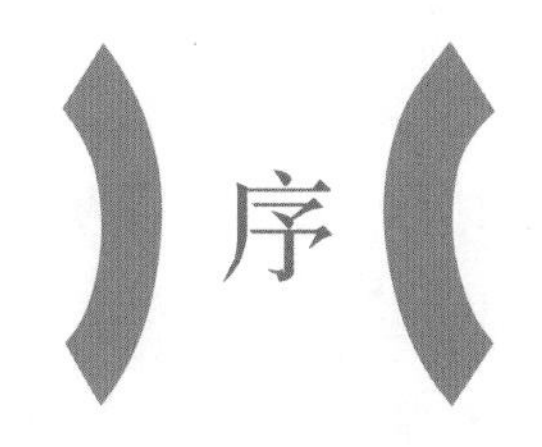

序

人类劳动是从制造工具开始的，制造和使用生产工具是人类劳动过程中的独有特征。同样，社会生产的变化和发展，始终是从生产力的变化和发展，而且首先是从生产工具的变化和发展开始的。当人类从蒙昧中挣脱出来，开始制作工具、捕猎劳作的同时，就有了服装的雏形。“茹毛饮血，而衣皮苇”，此时的“服装”材料直接取自大自然。后来，人们发现有些树皮经过沤制后留下的细长纤维，可以用来搓绳结网，还可以用来结成片状物围身，这就是纺织品的前身。这一前身物的出现，预示着人类文明开始萌芽。而“搓绳结网”，在当今看来如此简单的工序，在上万年前的石器时代却并非易事，需要人类不断实践、探索与总结，花费的时间可能难以想象。当然，这也是人类制作、生产纺织品的历史性进程——从用天然、仿天然到返天然、超天然的必然阶段。

搓什么样的绳，决定结什么样的网，也决定现代服装所强调和重视的舒适性体验。从粗糙、厚重的“绳”向柔软、轻细的“纱线”转变，在纺织发展历程中具有划时代的意义。因为这一转变不仅实现了细密柔软这一完美柔性纺织材料的诞生，成为人类纺织材料史上的重大事件，同时也给人类服装产业的发展带来了广阔空间，并拓宽了其应用范围，为人类生产生活带来了极大的便利与福祉。然而，这一切的发生，与诞生在近万年以前的原始纺纱工具——纺轮，无法分割，并密切相关。

饶崛、程隆棣同志的《中国新石器时代纺轮再研究》，较完整地诠释了原始纺纱工具 —— 纺轮的诞生、发展、演变历程，为人类纺纱的开端拨开了“面纱”。马克思在《资本论》中说：“生产力和任何其他一定的生产方式一样，把社会生产力及其

发展形式的一个既定的阶段作为自己的历史条件，而这个条件又是一个先行过程的历史结果和产物，并且是新的生产方式由以产生的既定基础。”鉴古知今，这本著作也算是作者给学界和业界的一个惊喜，相信能够为相关的学术研究和应用开发奠定有效的基础，并提供若干独特的思路。

此著作从学术角度来看，以制绳方法的转变与发展研究，论述了纺轮纺纱原理及纺轮工具的诞生过程；结合纺轮形制的发展变化规律及实验研制，揭示了纺轮形制演变背后的动因，说明了形制演变背后的科学原理，同时基于纺轮形制演变的规律，辅证了中国的“两河文明”，进一步说明了在远古时代纺织的发展就存在着地域特点；从纺纱设备及工艺角度，探讨了现代纺纱的牵伸、加捻、卷绕过程中纺轮“永不消逝的身影”，揭示了现代纺纱设备中蕴含的“纺轮”元素。从手工作业的远古时代到纺织工业高度发达的当今，生产工具日益复杂化、精良生产工具化，是推动社会生产力发展的一个重要因素。在这本著作中，纺轮鼻祖作用的发生、发展及延续，能让读者切实感受到并理解纺轮作为现代纺纱设备鼻祖的事实，且其中部分纺轮元素还有可能进一步为现代纺纱创新提供新思路、新启示。

从生活读物来看，在一些古典文献中，对于纺织品的描写和记录，呈现了各个历史时期人们对科学美和技术美的审美态度和价值取向，是构成整个社会发展史与美学思想史不可分割的重要内容。因此，探索和梳理古代纺织品生产制作的科技美学及其演变具有新的意义和内涵。这本著作能有效传达给读者原始纺纱生活面貌，揭示在远古时代人类的纺织生产状态；并从纺轮背后蕴含的科技和文化意蕴，展示原始人类对于美好生活的向往、期待及努力。

中国棉纺织行业协会会长　董奎勇

2022年1月

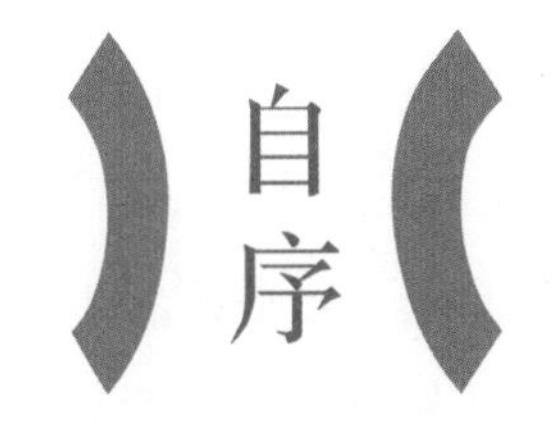

自序

欣赏着T台上绚丽多彩的服装，服装面料里的一针一线都融汇着设计者的创意和灵魂。身在如今的花花世界，很难想象遥远的古代的衣着、纺织起源于野外获得的筋皮和树叶。《礼记》有：“未有火化，食草木之实、鸟兽之肉，饮其血，茹其毛。未有麻丝，衣其羽皮。”《韩非子·五蠹》有：“古者丈夫不耕，草木之实足食也；妇人不织，禽兽之皮足衣也。”这就是原始生活的写照。随着人们生活经验的不断积累，简单的纺织技术亦随之产生。《淮南子》中有“緂麻索缕，手经指挂，其成犹网罗”的记载，说明了线的出现，同时线也为编制和纺织提供了有利条件。再到后来，纺织生产已经成为人们生产生活的主要部分。《墨子·辞过》：“女子废其纺织而修文采，故民寒。”《隋书·列女传·郑善果母》：“又丝枲纺织，妇人之务，上自王后，下至大夫士妻，各有所制。”《明史·黄直传》：“贫甚，妻纺织以给朝夕，直读书谈道自如。”清吴炽昌《客窗闲话·陆清献公遗事》：“为利之最厚者，莫如纺织。且人人能为之。”曹禺《胆剑篇》第四幕：“偶尔有几点星火，想是妇女们还在纺织。”古史传说中，中国先民从“不织不衣”到“而衣皮苇”，然后演变到“妇织而衣”，再到后来服装一度成为身份、地位的象征，且其面料是重要的评判因素之一。然而这一切的发生和发展与最原始的纺织工具——纺轮是分不开的，它是中国纺织史上的重大发明创造，它的出现证明了原始纺织业的存在。纺轮的出现不仅改变了原始社会的纺织生产，同时对后世纺纱工具的发明和发展影响十分深远。

纺轮是最早的纺纱工具，世界上出土最早的纺轮是在位于土耳其西南部的哈吉拉尔遗址发现的，距今约8000～9000年。纺轮对纺织业的贡献是不可磨灭的。它帮

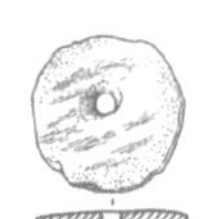

助远古时代的人们实现了穿衣和捆绑。在远古时代它是人们珍视的宝贝，这从墓葬中的纺轮和湖北京山屈家岭和天门石家河出土的大量彩陶纺轮可见一斑。从同时代出土的一些纺织品实物可以看出，使用纺轮所纺出的纱线已经达到了相当高的水平。纺轮在我国纺织史上的贡献是卓越的，它是远古时代纺纱的主角，是人类衣着服装孕育发展的摇篮，更为现代纺纱业做出了不可磨灭的贡献。纺轮，它与人们的生活休戚相关。它与人类一起共存了几千年，从它的身上反映的历史实情应该非常丰富。纺轮是现代纺锭的鼻祖，它的出现不仅使人们的生活质量得到了很大的提升，同时也为纺车和纱锭的发明奠定了坚实的基础，它是纺纱机械产生和发展的起点。当今纺纱设备层出不穷，有普通的环锭纺，也有赛络纺、紧密纺、嵌入纺等。追溯这些纺纱方法的源头要从远古时代的纺轮出发。纺轮虽小却蕴意深刻，它在我国纺织史上占有重要的地位。

纵观史料，作为新石器时代主要的纺纱工具，纺轮大小、形状变化多端。纺轮如此多形制的演变背后的推动因素是什么？不同形状、大小的纺轮与对应的纺纱类别有无关系？纺轮作为最原始的纺纱工具，其演变路线是什么？是否能通过探寻纺轮的发展找寻远古时代的纺织发展状态、纺织业的存在方式等？纺轮与近现代纺纱技术之间的关联和贡献也是我们研究的要点，在纺轮形制与其对应的纺纱类别等方面做出积极的探索与尝试，提取已遗失的纺轮设计的优势元素，冀希本书能对当代社会的纺纱文化、器材、工艺的传承发展提供一些有益的参考和借鉴，同时也为我国的纺织史的研究添砖加瓦。

饶崛

2022年1月20日

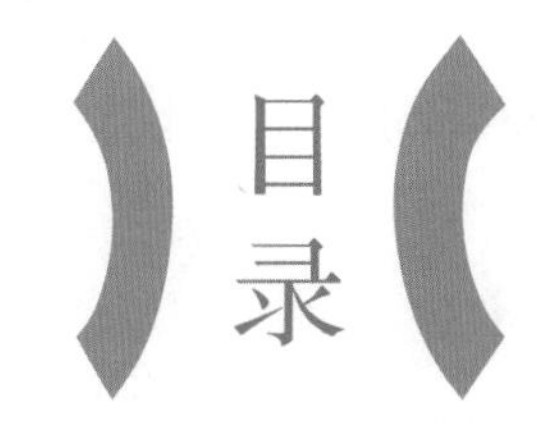

第一章　原始纺及纺轮的诞生

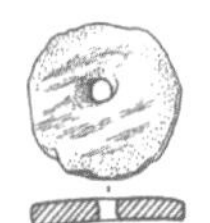

第二章 新石器时代的纺轮与织物

第三章 纺轮发展演变的原因分析及纺纱实验验证

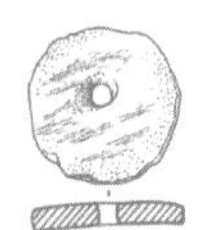

第四章　纺轮到环锭纺技术的传承与演变

第一章

原始纺及纺纺轮的诞生

要探究纺轮出现前的原始"纺"，须从用于捆绑系结的"绳"的发现和使用中去探寻。1963年，考古学家在山西朔县（今朔州市朔城区）峙峪遗址中，发现了距今二万八千年的石箭头。用绳固定木质的长杆夹石箭头，可制成以软绳、硬木和硬石三种材质相结合的石箭复合工具，以绳曲木可制成绳木复合工具——弓[1]，这表明此时的原始人类已经充分掌握制绳这一技能。

第一节

纺轮出现前的原始"纺"

自然界中虽然广泛存在着长度较长、柔韧性较好、可直接获得的植物藤条及动物筋皮，但是其长度、使用时间、强度等远远不能满足人类的需求。为了获得经久耐用的柔软线性工具，原始人类通过各种方法来实现。

一、"纺"的方法

（一）结并

"结"最初的用途是捆绑物体或将其连接起来[2]。为了获得经久耐用，长度和强度都达到人类需求的工具，原始人类尝试了很多方法。浙江余姚河姆渡遗址出土的带有残余藤条的骨耜（图1-1[2]），不仅证明了原始人类对藤的利用，而且充分说明了人类对捆绑工具的迫切需求。

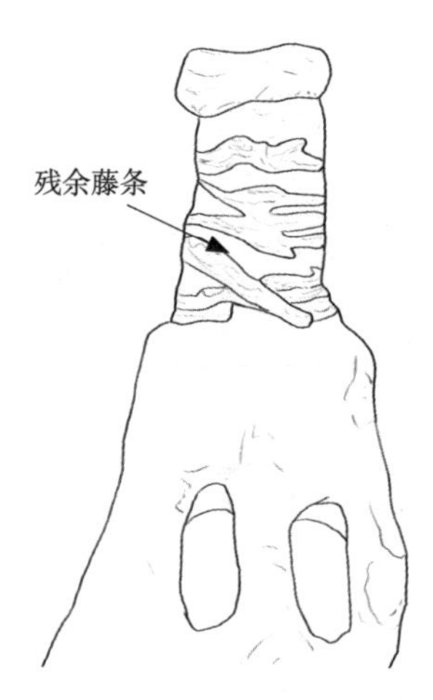

图1-1　河姆渡遗址出土的骨耜上的残余藤条示意图

最开始的绩接是直接将未经处理的植物长条连接

在一起，如在两根长条间打结从而实现有效连接和并合（图1–2）。这种打结方法在后世也被继承和发展，中国结就是最好的证明。

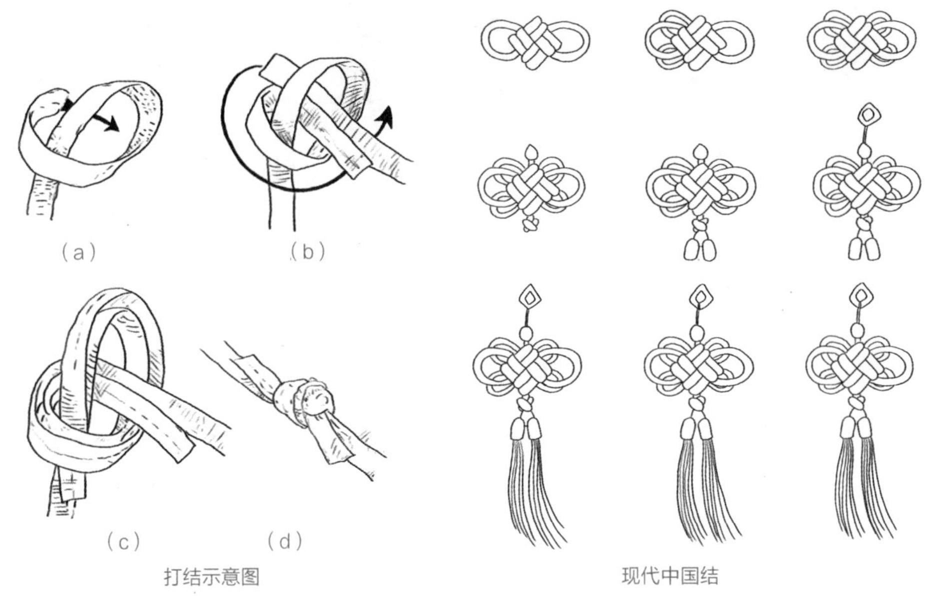

图1–2　结

（二）交缠

结所实现的平行并和使其在使用过程中存在诸多限制，通过交合的方式，使植物藤条、草、筋等实现较紧密的交缠，可有效增加其强度和耐用性（图1–3）。

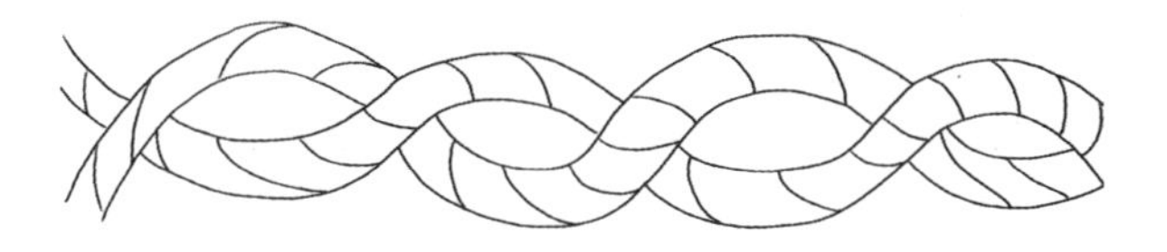
图1–3　交合示意图

这种通过交实现缠的方式在后期慢慢发展为辫结，手工辫结方法在湖南湘西仍然可见。取一束纤维，将其一端以打结的方式固定在一起，接着将其分成三股均匀的纤维束，然后将左边一束纤维放到中间并用手用力压紧，接着将右边的一股放在中间并用手压紧，压紧的同时要保证各纤维束之间排列紧密，之后再将左边这股纤维束绕到中间压紧，如此往复（图1–4），便可实现辫结。将长短不一的材料通过辫结的方式结合在一起，有效增加了材料的长度和强力，且使通过简单扭结而成的材料的保形性更持久。

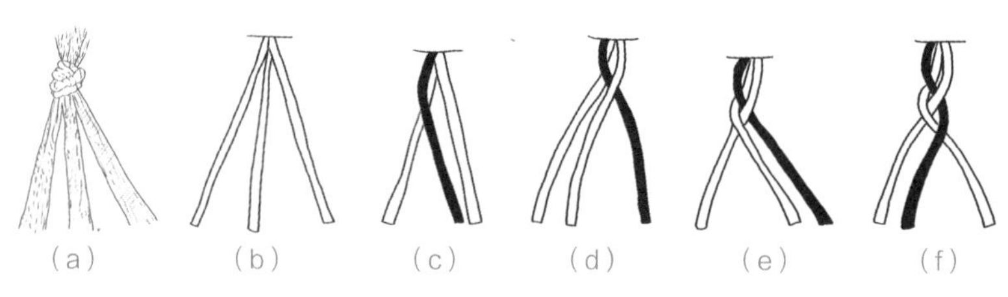

图1-4　辫结的步骤

这种方法的存在可以从甲骨文中找到痕迹。“糸”的甲骨文含义为：一端是多头的纤维束的汇聚或丝束的集绪，另一端单头或无头的尖端为经过加捻或扭绞形成的纺物。显然，常用多头（常为小草形的三头）表示加捻方式及其成形物[3]。甲骨文“糸”字的上面三根汇聚的头端，正如三根纤维条或者藤条通过辫结的方式形成的象形结构（图1-5[4]）。“丝”的甲骨文结构也与“糸”类似（图1-6[4]）。“糸”与“丝”的字身看上去是由两根辫结而成，实际是由三根纤维束通过辫结得到的。所以我们看到的“糸”的甲骨文上端是三根纤维条，正是辫结后的形态。由三组藤条以辫结的方式制成的藤辫，即可形成一个“∞”字形图案（图1-7[5]）。这形状正好与“糸”和“丝”的甲骨文结构相同。辫结所用的原料多为在自然界随手可获得的草、藤、树皮等（图1-8）。

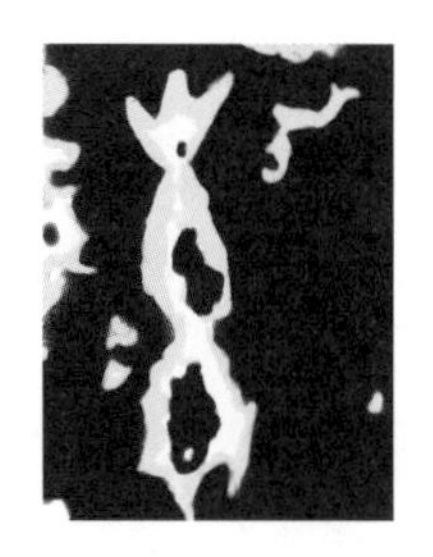

图1-5　“糸”的甲骨文拓本

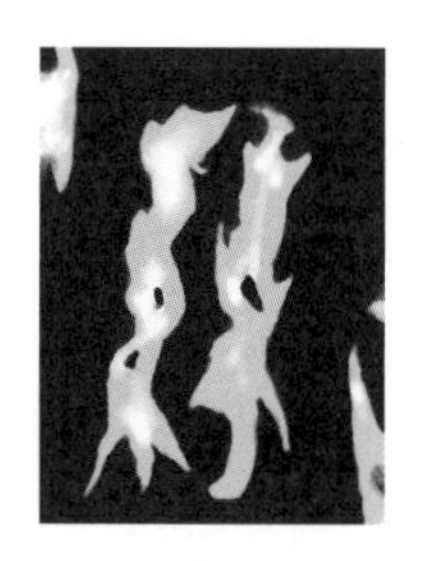

图1-6　“丝”的甲骨文拓本

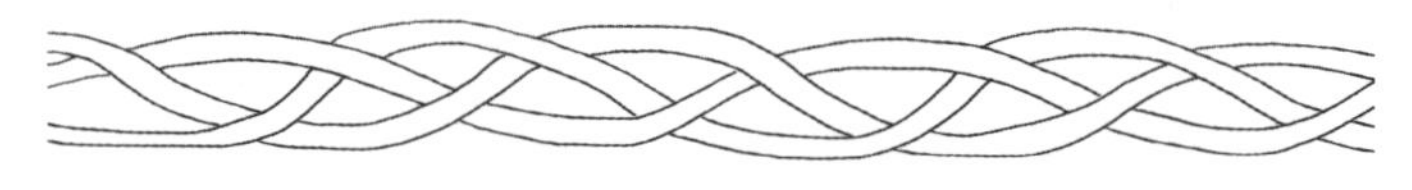

图1-7　辫结的藤条

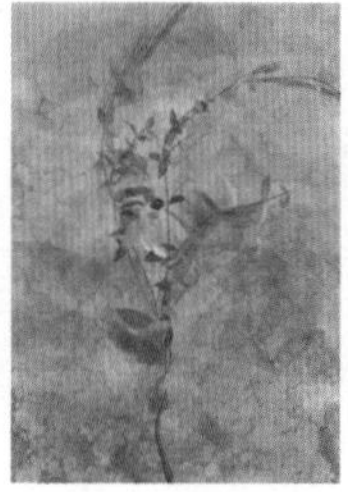

图1-8　草、藤、树皮

辫结至少需要使用3根细长纤维条，通过上下交替错位、相互弯曲交叠及扭绞的方式编成。而两根纤维条只能采用扭绞的方式编合，虽然容易成形但是由于其结构极不稳定，易退捻，逐渐被淘汰了；3根纤维条的辫结属于较简单的编绳，故使用时间相对较早；较复杂的编合，如4根及以上纤维条的编合，较3根纤维条的编合产生得晚。编绳的优势在于较易获得长度不限且粗细较均匀的纺物，缺点在于成品粗硬、容易折断、不易保存、制作耗费时间长。

（三）转捻

转捻不同于辫。辫是通过藤条或者筋皮以一定的交叉组合的方式形成相对固定的结构，获得强度和长度满足人类需求的材料，而转捻扭结主要是通过旋转加捻的方式获得稳定结构的材料。草绳是扭结的典型案例，在20世纪八九十年代的农村，仍然有人在使用。稻谷收割后，需要用手工打制的粗绳捆绑好以后才能从野外搬运回家。这种粗绳就是用稻草经手工加捻制作而成的，有粗有细。在制作草绳时，只需将稻草堆放在地上，从中抽取一小撮，左手紧握加捻端，右手不停地加捻并同时往后抽取稻草。加捻成型的稻草绳直接卷绕在手上，到一定长度之后便将草绳的首尾打结相连。扭转绩接草绳和最终获得的草绳成品如图1–9、图1–10所示。

捻转是一种手动旋转加捻的方法，就是借助长棍加捻卷绕（图1–11[6]）。制绳者将棍子水平放置并旋转，绳线卷绕在棍子上。卷绕后打一个线圈，以防绳线松开。还有一种方法是，用有槽或者带钩的棍子来拉紧纱线使其更加坚固。这样，准备好的手工卷绕的粗纱（即未加捻的纤维集合体），与捻杆钩上的线圈系在一起，而后开始加捻。左手拇指、食指和中指握着粗纱的末端，控制喂入捻杆的纤维束，右手旋转。制绳者完成一定长度的纱线之后，就将其绕在捻杆上。绳不同于短纤维，因为

图1–9　现代农村扭草绳

图1–10　草绳成品

图1–11　利用长棍加捻卷绕

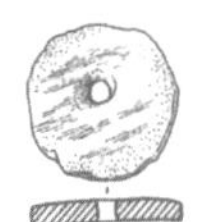

它无须牵伸。其实，绳的品质早已由绩接的原材料的品质决定了，因此此时“纺”只是为了给整条绳加捻。如今，棍作为纺纱工具仍然在秘鲁的希卡马流域和南美的其他地区使用。圆头或者是尖细头[7]，长度一般为22~37.5cm，但是用棍作为“纺纱”工具，难以操作，经济效益也不高。

（四）搓捻

在使用扭结及辫结材料的过程中，人类发现某些植物的筋皮在经历反复地扭转、打击和日晒雨淋之后能被有效地劈分，劈分后的纤维束能被任意旋转。随着人类对植物纤维性能的进一步认识和人类需求的提升，脱胶技术开始萌芽并发展。材料初始形态的变化，促进了搓捻这种绩接方法的诞生和流行。

搓捻可分为两种，即纤维束在两手掌间或在手掌和大腿间进行搓捻，利用纤维束在手掌间和腿与手掌之间的摩擦旋转，使纤维束捻合在一起。纺纱者首先将纤维束拉直，再通过搓动纤维束实现加捻。这两种方法在20世纪八九十年代乃至今天的农村都经常使用。通过搓捻制出的绳较辫结制出的绳的细度有了质的提升。

1．手捻

手动捻纱的方式包括两种，一种是将从植物茎上剥取的片状韧皮纤维用水浸泡，再劈分成粗细不一的纤维长条，并用指甲将其一端的绪头切劈成两股；再取另外一束准备与其绩接的纤维长条，与其中的一股一起捻转并合成一股；最后将两股并合，先向原来的方向用手指搓捻回转，接着从其相反的方向用手指进行回捻，这样就能绩接出纱线。这种手动捻纱方法主要用于绩麻，现在湖南湘西土家族苗族自治州花垣县等处还在沿用（图1-12[8]）。另一种是把两股纤维束平行排列，首先将其中的一端用手搓成一定长度的Z捻并合，其次将已经搓捻的绪头通过折转与纱身靠拢，最后按照前面合股的方法对纤维束进行合捻，这样便完成了绩接。现在湖南浏阳手工生产夏布纱线便用此种方法（图1-13[8]）。

将麻绩好以后，就可以用来搓绳了。一般搓绳者坐在板凳上，把两根“麻匹子”（剥好的麻皮）的一端捋齐整，放在屁股底下，然后顺着大腿弯曲的力，

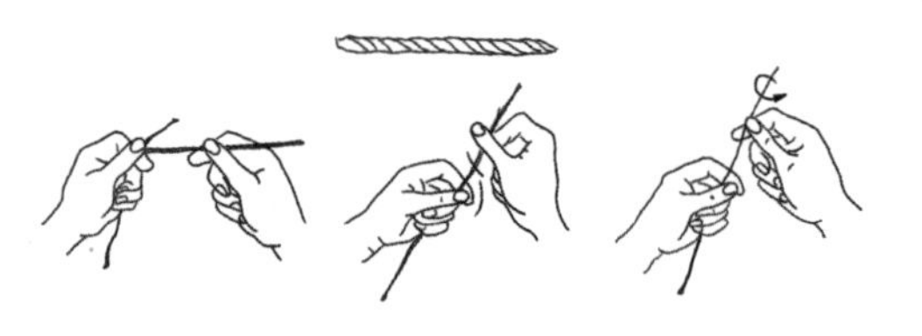

图1-12　花垣县的手工绩麻法

图1-13　湖南浏阳手工生产夏布纱线的方法

两只手合掌，夹着“麻匹子”用力搓，让“麻匹子”互相缠绕起来（图1–14）；或者蹲在地上，把齐整的“麻匹子”的一头压在脚底下，就着膝盖上下处的弯曲弧度搓。由于该方法的存在，民间还流传“就腿搓绳，顺坡下驴”的谚语，用来形容做事情、办事情，要懂得识势、就势、顺势、借势的道理。

图1–14　两手搓捻麻绳（左）、搓草绳（右）

2．腿捻

腿捻与手捻不同，手捻的捻结主要是依靠双手的搓捻，而腿捻是手在腿上搓捻绩接纱线。如图1–15[9]所示，是在大腿上搓捻麻绳的示意图，箭头表示形成纱线和松散纤维端的方向。首先将两组不同的纤维卷向膝盖，形成两根S捻单纱。纺纱者的左手从先前完成的两股纱中抽出新的单纱，将新的单纱向膝盖方向滚动，使新单纱和已完成的两股单纱之间缠结。单纱继续向S方向单独扭转，如松纤维端顺时针旋转所表明的那样。同时在Z方向互相扭转缠绕。S捻的捻度是通过手的动作加入单纱中的，而Z捻的捻度则从成纱中移到两条股纱上。纺纱者将两条股纱朝着大腿根的方向卷离膝盖，以增加Z捻的捻度。

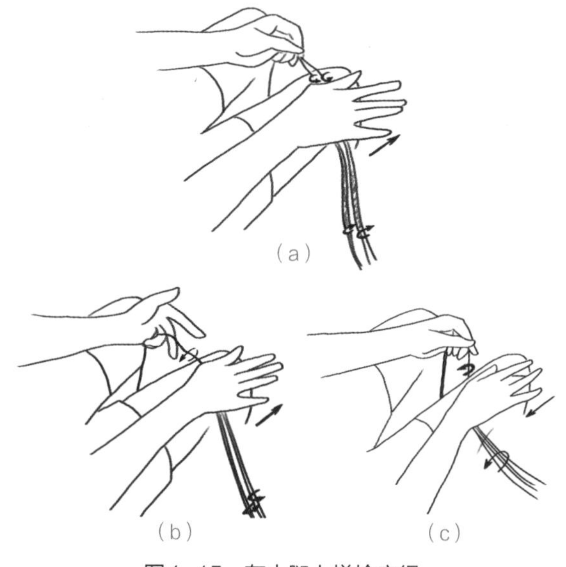

图1–15　在大腿上搓捻麻绳

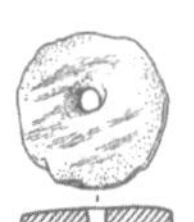

在大腿上进行搓捻纺纱的方法在近现代都有出现过，而且在国外也出现过（图1–16[7]）。用这种方法搓捻纱线时，每股纤维的粗细应相差不大，并且每股纤维自身也应保持粗细均匀。如果每股粗细不匀，那么绳子在制成后，结构不稳定，轻细的部分在受力时就容易拉断。这种通过搓捻制绳的方法因为具体步骤的不同，操作方法也存在一定的不同之处。搓捻制绳需要通过搓捻集束是比较容易想到的，纤维的不断添入、接续及搓捻也可实施，但要想把两根放到一起，同向搓捻集束是困难的[10]。

搓捻法是将两股或者两股以上的纤维束以同向搓捻的方式制成粗细均匀、长度可自由控制的绳[5]。其优点是只要纤维束具备一定的长度，且较柔软，就可以通过搓捻的方法获得连续、均匀的绳，特别是高强度的粗绳。但是在两手掌间或手掌和大腿间搓捻纤维的方法会产生较大的摩擦力，从而极易对手和腿造成一定程度的伤害，且效率低下。为减轻纺纱者的劳动强度，减少制绳过程中纤维与皮肤的接触面积，借助工具（如石片、瓦片等片状材料）搓捻绳线的方法诞生了（图1–17[7]）。石片、瓦片能有效避免纤维与皮肤的摩擦，同时纤维与硬质材料的接触能有效减少浮毛，提高绩绳质量和效率。20世纪八九十年代的农村还有直接用较硬质的布料放在大腿上搓绳的。摩擦搓捻的方法在现代被利用发展为摩擦纺。

结的并合，交、辫的纠缠，转、搓的摩擦抱合，使粗细不一、长度不一的动、植物筋皮被有效绩接为具备一定粗度和长度的绳。绳的出现最晚可以追溯到数万年前，在诸多古人类早期文化遗存中都发现了“绳文化”的踪迹，如中国山西峙峪遗址出土的绳木结合的复合工具——弓（图1–18[1]），河姆渡第一期文化遗址中发掘出土的粗草绳[2]、麻绳[11]，浙江湖州钱山漾遗址出土的麻绳结[12]；日本“绳文时代”的绳纹陶器[13]等（图1–19）。这些都证明了原始绳的存在和利用，同时也证明了原始人的结绳技能水平已相当高超。绳是人类智慧的载体，也是人类双手的延伸。

图1–16　腿捻纺纱

图1-17　借助瓦片在腿上搓捻制绳

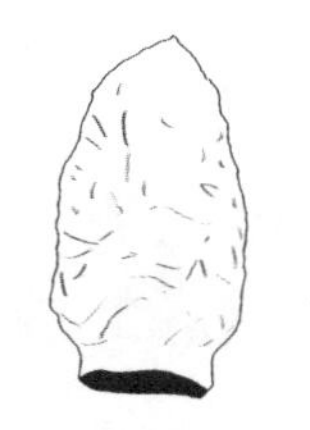
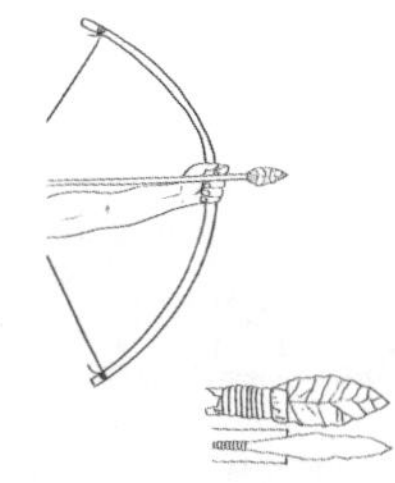

图1-18　山西朔县峙峪出土的石镞及其使用示意图（距今约28000万年）

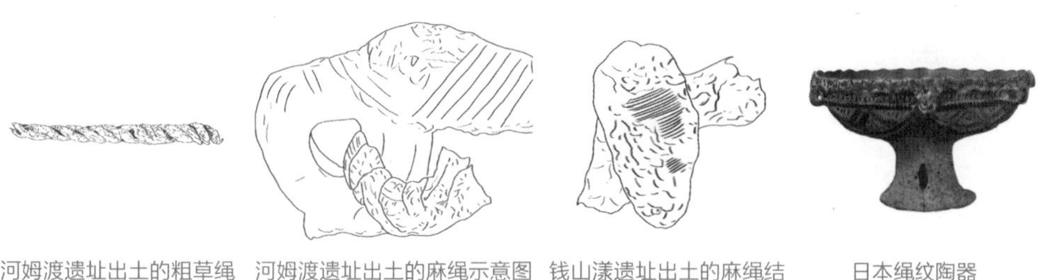

河姆渡遗址出土的粗草绳示意图　河姆渡遗址出土的麻绳示意图　钱山漾遗址出土的麻绳结示意图　日本绳纹陶器

图1-19　考古发掘的“绳”及其印迹

二、瓦片与棍棒

（一）瓦片

人类从全手工制绳到借助工具制绳经历了漫长的过程。从最开始直接利用自然界的动物皮筋、植物藤条，到对脱胶技术和纤维的认识，都是人类在探索自然的过程中一点一滴的进步，借助工具制绳也是在这个过程中发展起来的。瓦片便是在这样的过程中为降低人类的劳动强度而诞生的。

制绳者在瓦片上进行纤维的搓捻，可以避免纤维与大腿的不断摩擦。它的出现可追溯到公元前800年的古希腊文化，有很多图像信息和文献证明这一工具的存在。例如，公元前5世纪的一幅油画上就出现了用于制绳的瓦片（图1-20[7]）；沈继光等人撰写的著作《物语三千》中也记录了类似的瓦片（图1-21[14]），该瓦片为陶质，呈筒瓦状，长23cm、宽12~15cm，前窄后宽，正好可以扣在大腿上作搓麻的垫具[14]。另外，据邹景衡考证，20世纪我国台湾地区的妇女还有用瓦来劈分大麻和纺纱的[7]。一般在陶瓦形质的工具面上，刻有稍微凹下的图案，如篮子、散花、线条、圆点及边纹，起起伏伏、坑坑洼洼的瓦面，正好又缓和了搓麻时存在的涩性。在中国历史的早期，瓦的纺用功能就为人所知，但随后其便被更先进的技术代替，事实上在中国南方的一些地区，至今还有人在使用瓦。

图1-20　用于制绳的瓦片示意图（来源于公元前5世纪的一幅油画）

图1-21　半圆柱形砖瓦示意图

（二）棍棒

棍棒的特点是有一定的长度和硬度，这种随手可获取的植物棍棒被用在生产生活的各个角落。木棒（棍棒）作为木器的一种，在古猿时期就已出现[15]。马克思和恩格斯都对棍棒进行过相关的论述，如在《资本论》中马克思认为人类使用工具的进化顺序为“由粗木棍和打制得很粗笨的石器过渡到弓箭，过渡到制造石斧……最后过渡到应用金属”[16]。恩格斯也认为人类“最初的武器即棍棒和戈矛”。[17]著名古人类学家贾兰坡先生在论述周口店北京人遗址中的生产工具时也认为“在当时的条件下，最得力的狩猎武器还应该是木棒和火把”，“按狩猎武器的发展，最早使用的不过是木棒，火把和石块。这段历史占的时间最长，进步的缓慢使人难以置信，但这又确是事实”。[18-19]由此可以看出，棍棒是一切木器工具的鼻祖[20]。

最初的棍棒可能是天然的，或者经过简陋地加工。棍棒不仅可随手获得，而且是万能的工具，它不但能袭击野兽、保护自己，同时也能用于采集和捕食鱼类。随着生产的发展，后来逐渐有了社会分工，演变为生产生活中各式各样的工具，如宋兆麟认为耒耜就是由尖木棒演变而来的[21]。古人类在不断尝试之后，开发了棍棒应用的新领域，发展到一定阶段后就用于制绳，图1-22[21]中的剑木棒在佤族的纺纱史上做出了突出贡献，佤族人发现它能同时实现卷绕和定捻。

图1-22　佤族的剑木棒示意图

三、绳的功用

绳的功绩在于它天生具有捆绑、联系、交织、缠绕、伸曲等功能，它开启了人类智慧的先河，从此人类由蛮荒时代走向了文明时代[22]。据考古发现，早更新世时期的“直立人”就已经开始制作狩猎的投掷工具——石球（飞石索）了[23]，中更新世时期的“智人”时代使用的串饰、骨针等饰品和工具与绳存在着密切关系。远古时代最前沿的生活用品、生产工具的存在和使用与绳的关系都十分密切，如果没有绳，它们的存在都成问题，所以说绳在人类走向进步、文明的时代进程中发挥了巨大的作用。

绳的产生和使用经历了上百万年的历史文明，它凝结了人类的智慧。它是人类智慧的载体，是人类双手的延伸。绳索的主要功能是捆绑、携带。它们是生产和生活中不可或缺的用具。《周易·系辞下》记载："上古结绳而治，后世圣人易之书契"，"古者，包牺氏之王天下也……作结绳而为网罟，以佃以渔，盖取诸离。"这说明绳在人们生产生活中的多种用途。

（一）"飞石索"狩猎

人类利用石球和绳子制作"飞石索"狩猎开始于旧石器时代早期。旧石器时代早期的传统工具之一便是"石球"。我国著名古人类学家贾兰坡认为，"飞石索"这一软硬复合工具是旧石器时代的狩猎工具，在人类发展史上占有重要的一页，它是远古时期狩猎工具发展的里程碑。我国古人类对石球的利用具有较长的历史，如在距今五六十万年的蓝田人遗址和匼河遗址等中都有石球的身影[24]；在距今10万年左右的丁村遗址和许家窑遗址中发掘的这种通过反复敲打制成的石球较多。当时的居民用石球掷击野兽，或将其系在飞石索上猎取大型动物（图1-23[24-25]）。

图1-23　飞石索及石球

（二）捆、串

不管是渔猎社会还是农业社会，劳动成果都需要搬运或者储存，在这个过程中就需要相应的材料和工具辅助，而软质的可以任意弯曲折叠的"绳"则是首选。因此"绳"作为捆、串的工具在日常生活中成为必备品。考古发掘中就有绳作为捆、串的直接证据。例如，距今约7000年的浙江余姚河姆渡遗址中就出土了带有凹槽和孔眼的农业工具——骨耜，有的骨耜上还残留着捆绑的绳子（图1-24[26]）；河南临汝阎村出土了一个仰韶文化时期的彩绘陶缸，该陶缸上有一幅《鹳鱼石斧图》，图上绘

有穿孔带柄的石斧，石斧和柄通过绳的捆绑而固定在一起（图1–25[27]）。另外，距今2万~4万年的辽宁海城仙人洞遗址中也出土了一些装饰品（图1–26[28]），大部分都是人工穿孔的兽牙。

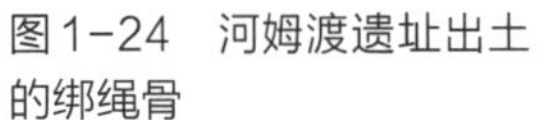

图1–24　河姆渡遗址出土的绑绳骨

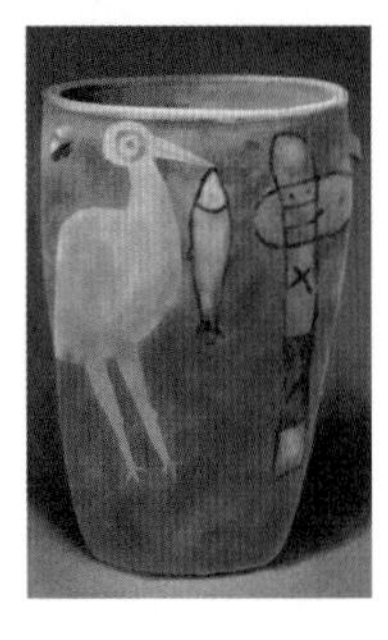

图1–25　彩绘陶缸上的《鹳鱼石斧图》

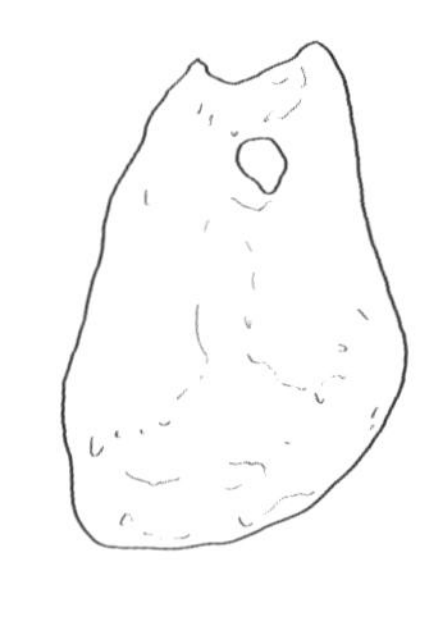

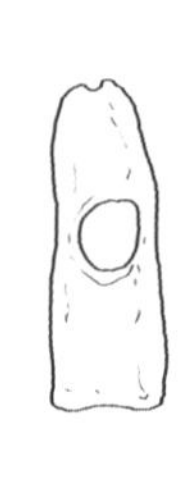

图1–26　辽宁海城仙人洞遗址出土的带孔兽牙示意图

这些生产生活工具的使用与绳的使用是密不可分的。可以说绳的存在是它们存在的前提和基础，而环饰、串饰的存在为装饰和美化绳提供了可能。这些串饰串在绳上，好像给绳添了一件华丽的外衣[22]。正是由于绳的存在和使用，才有了这些饰品存在和使用的意义。

（三）陶器制作

带有绳印迹的陶器碎片、小的编织残片和编织压痕是最早关于纺织技术和织物结构出现的证据。

有绳纹装饰的制陶技术极有可能起源于远东地区，它是世界上纹样装饰艺术中最古老的类型之一[28]。日本“绳纹时代”陶器上的绳纹痕迹（图1–27[29]），以及我国江西万年仙人洞遗址出土的陶拍上的绳用来制作陶器上的绳纹纹样，可以追溯到距今10000~12000年[30]。广东省英德市青塘镇狮头岩黄岩门2号洞穴遗址中发掘了新石器时代的陶片，其上面饰有交错绳纹（图1–28[30]）。另外，西安半坡遗址中也曾出土过具有显著绳纹特征的陶器（图1–29）。从以上出土的陶器（片）上的绳纹可以看出，当时的制绳技术已发展到一定高度，并且绳是由植物纤维编织而成，其原料来源于当地丰富的植物群。

（四）结绳记事

我国文献中很早就有关于结绳记事的记载。《周易·系辞》中有：“上古结绳而治，后世圣人易之书契，百官以治，万民以察。”《庄子·胠箧篇》说：“昔者有容成氏、大庭氏、伯皇氏、中央氏、栗陆氏、骊畜氏、轩辕氏、赫胥氏、尊卢氏、祝融氏、

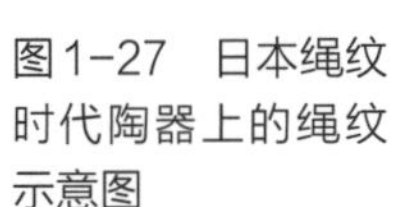

图1-27　日本绳纹时代陶器上的绳纹示意图

图1-28　饰有交错绳纹的陶片示意图

图1-29　西安半坡遗址出土的绳纹陶片

伏戏❶氏、神农氏，当是时也，民结绳而用之。”东汉郑玄的《周易注》中有这样的说法：“结绳为约，事大，大结其绳；事小，小结其绳。”唐代李鼎祚在《周易集解》引《九家易》曰：“古者无文字，其有约誓之事，事大大其绳，事小小其绳。结之多少，随物众寡，各执以相考，亦足以相治也。”东晋葛洪的《抱朴子·钧世》中有：“若舟车之代步涉，文墨之改结绳，诸后作而善于前事”，其大意为“就像用船和车代替徒步，用文字笔墨代替结绳记事，这些后来的做法都要优于上古之时”[31]。这说明了用绳结的大小、多少来区别所记事物的不同类型（图1-30[32]、图1-31[33]）。

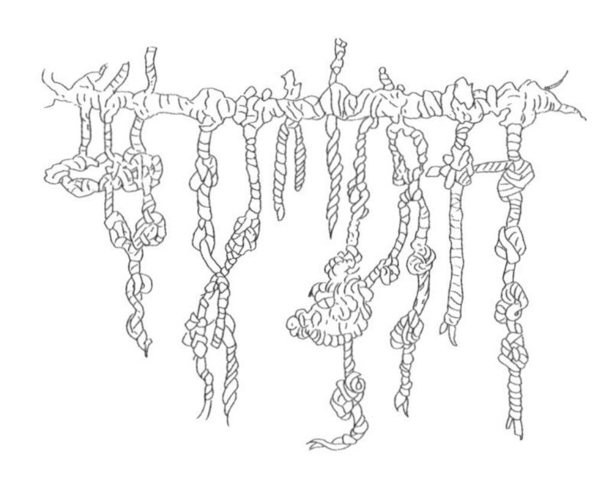

图1-30　结绳记事

图1-31　埃及壁画上的结绳记事

古代埃及、波斯、秘鲁地区的人类及近代的印第安人，非洲、大洋洲等地的土著居民，都习惯结绳记事，其中以古秘鲁印加人（古印第安人）最为发达[34]。绳结的大小、多少，绳结的颜色，或拴上不同布条形成的不同绳结符号、不同结之间的距离、不同粗细、不同长短、不同颜色的绳，都代表不同的符号、不同的意义和不同的事情，从而形成一整套较为完整的、独立的、系统的符号体系。正是通过这个

❶ 伏戏氏，即伏羲氏。——出版者注

符号体系，使人类的记事能力增强。绳的使用促进了人类连接和联想思维的产生，同时不断启发着人类的思维和智慧。

（五）缝合、编织

缝合、编织与骨针是分不开的，很久以前的远古人就已经利用骨针缝合皮衣（图1–32、图1–33[35]）。中国最早的骨针，出现于旧石器时代晚期。1983年，辽宁海城小孤山遗址出土3枚骨针，一枚长77.4mm，针柄最宽处有4.5mm；一枚残长65.8mm，针柄最宽处有4mm；一枚长60.9mm，针柄最宽处有3.4mm，针眼未钻透，仅在一面留下一锥形坑。3枚骨针都出自小孤山遗址洞穴的第三层，经碳十四测定其距今2万~3万年，属旧石器时代晚期偏早阶段[36]，骨针的用途主要是穿孔和缝合。从骨针的直径和孔洞的直径来看，远古时期人类的搓绳技术已经达到了一定的水平。

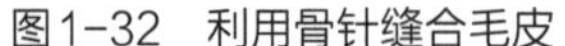

图1–32　利用骨针缝合毛皮

图1–33　山顶洞人使用的骨针（复制品）

以上关于远古人类对绳的利用说明当时的人们已熟练掌握了把植物纤维加工捻制成绳索的方法，并把它运用到日常生活中。绳的出现和发展，促使人类对工具的掌控更加随心所欲，同时也促进了人类生活的便捷性和品质的提升，为人类文明史的开端谱写了辉煌的篇章。因为有了对绳的利用，才有了对植物纤维加工的认识，而这一认识促使纺轮这一工具应运而生[37]。

第二节 纺轮的出现

瓦、棍的出现和使用，使人们认识到可借助工具来纺纱。但是这些工具又不能满足人类日益增长的物质需求，所以人们迫切希望更好的工具诞生。

一、长杆缺点的凸显

为了确保给纱线施加的捻度被有效利用，就要实现定捻。草绳、麻绳的定捻卷绕是通过手动卷绕打结来实现的。而更细纱线的定捻卷绕单纯靠手已经不能满足需求，且其有相当的局限性，所以人类开始利用工具——长木杆卷绕定捻。当时的人们为了提高棍纺工具的纺用性能，对棍子进行改造。最后，他们意识到棍纺工具缺乏必需的重量，不能被更快地旋转，因此他们在棍子上系上重物增加自重。这正如非洲布须曼人在采集食物的箭头木棒上，插上一块穿孔的圆石（有时也以有窟窿的石球代替）以增加重量[38]。为了增加重量，用一个骨质、木质、石质或陶质的饼状扁平圆形纺轮作为旋转的主体是最好的选择。

二、带孔重物的利用

穿孔饰品在中国最早出现于旧石器时代中晚期。属于旧石器时代晚期的北京山顶洞人遗址出土了大量穿孔物件，其中穿孔石坠、石珠如图1-34所示[39]。原始人类利用这些穿孔器物进行渔猎及制作发明，如利用穿孔骨质鱼钩捕鱼，用“投石索”捕猎等。带孔重物的利用可能源于原始人类在渔猎过程中慢慢发现悬吊重物于藤筋上可有效实现对藤筋的捻合，而且省力；或受自然现象——悬吊蜘蛛及穿戴饰品受力旋转的启发（图1-35）。

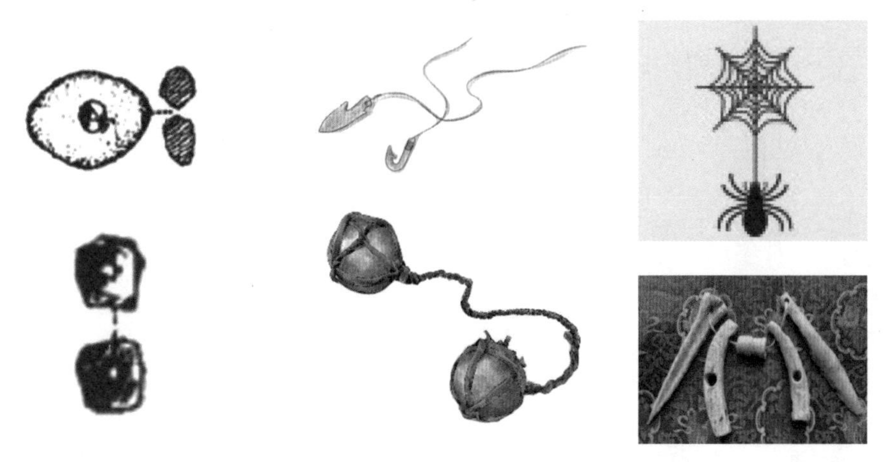

图1-34　山顶洞人遗址中的石坠和石珠

图1-35　原始人类在渔猎过程中的收获及受到自然现象启发

三、纤维劈分技术的提升

原始人类在对植物筋皮、藤条、树叶等的使用过程中，对纤维的认识也在逐步深入。经过劈分打击（物理）及雨水浸泡（化学）的植物筋皮可分裂为更多更细的纤维状材料，且不易折断。在捕猎过程中收获的暖和的毛皮，柔顺且具有弹性，令他们向往（图1-36）。

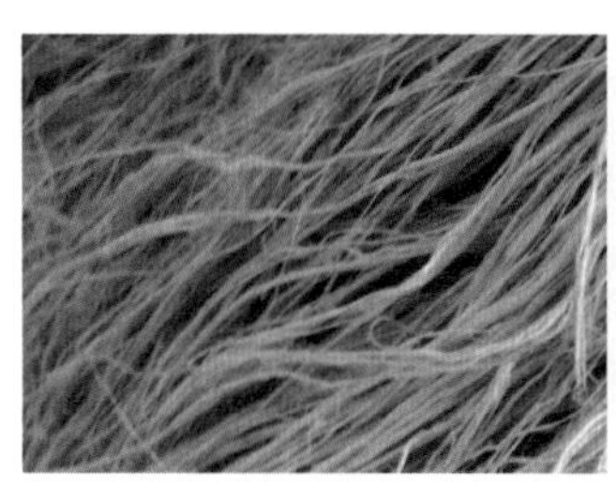

图1-36 对动、植物纤维的认识与利用

四、人类的迫切需求

马斯洛认为人的最迫切的需要才是激励人行动的主要原因和动力[40]。作为原始工具的绳，存在于人类生产生活的各个领域，成为人类生活中重要的一部分。随着生产的发展，原始人类在生产生活中发现需要更加纤细柔软的材料来替代绳的部分功能，特别是在缝纫、串饰等领域，太粗的绳根本实现不了这些功能。随着生产生活水平的提升，人类对细线的迫切渴望越来越强烈，急需一种细软工具。于是在生产实践中，人类根据自己的迫切需求，创造和发明了更好的替代工具。

五、复合工具应用的启发

旋转可以加捻，重量能被用于牵伸，而有孔能被有效握持。脱胶技术的进步，人类需求的不断提升，促使人类迫切需要从“绳纹时代”步入细线的岁月。带孔重物通过人力能实现旋转加捻，但是无法同时实现卷绕，且在旋转的过程中重物的摆动难以控制，导致收支严重失衡（即越大力旋转，加捻不一定越大，而小力旋转捻度一定很小）。在这种技术前提下，人们需要找到能有效控制重物旋转的方法，既能让重物实现牵伸、加捻的功能，又能保证加捻的稳定性和纱线的定捻卷绕。

木石复合工具的诞生（图1-37）为纺轮的诞生创造了条件，如受到由木棒和穿孔石组成的主要用于采集和点播的木石复合工具[38]的启发，在石头中心插上小木杆，制成了用于纺纱的工具，有效保证了纺轮旋转的可能性、持续性和可控性，同时又实现了牵伸和卷绕。且“瓦”“棍”在原始“纺”——制绳中就已经用到过，“瓦”和“棍”的复合使纺轮的诞生成为必然。

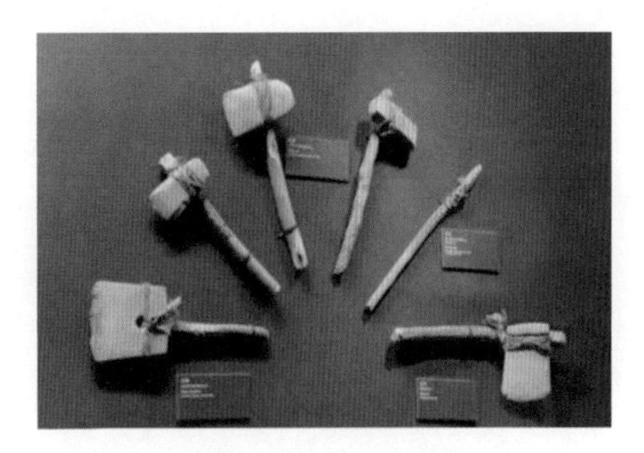

图1-37　复合工具

纺轮在人类实践过程认知的进步和需求的提升中诞生了。它同时具备了牵伸、加捻、卷绕的功能，有效保证了独立一人便能纺出更细的纱线。由此可以看出，纺轮从最开始只是用于悬挂牵伸、拉直，到慢慢发展为可同时旋转加捻；从一个重物发展到与捻杆配合，从而有效实现了可持续旋转并有牵伸作用的重物和卷绕定捻的棍棒有机结合；最终在一个工具上完成并实现了纺纱。纺轮纺纱的整个操作过程被称为是真正意义上的纺纱。利普斯在《事物的起源》中就说过：“要获得一根长的粗细一致的好线，需要有纺轮这种工具的发明。”同时纺纱效率较之前的搓绩也有了较大提升。纺轮的出现对于纺织手工业来说具有划时代的意义。纺轮诞生图谱如图1-38所示。

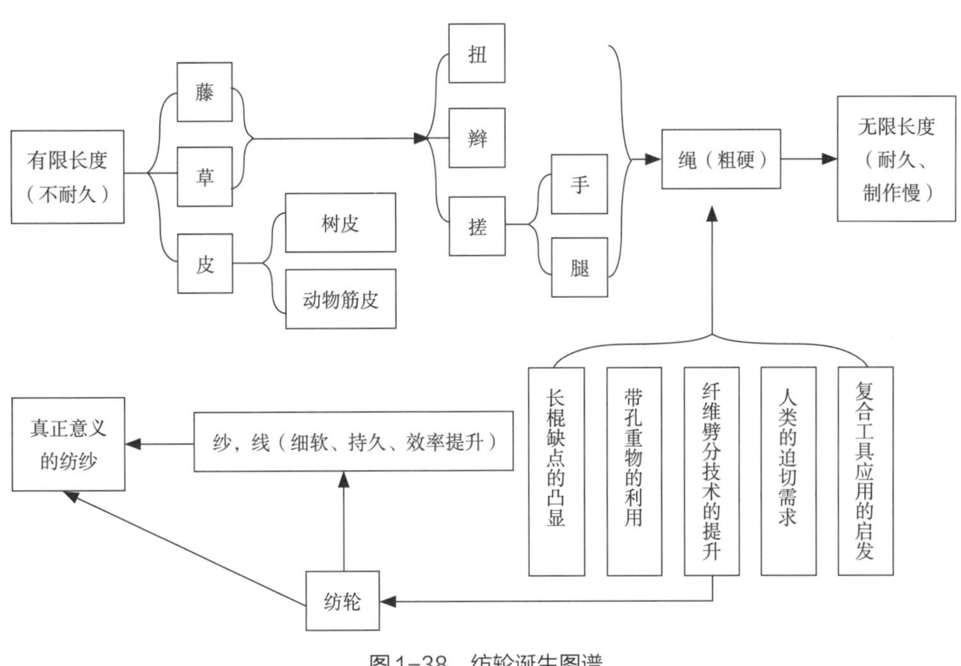

图1-38　纺轮诞生图谱

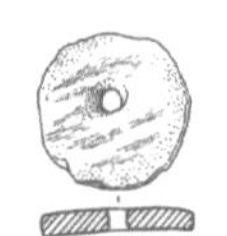

六、考古发掘的纺轮

考古发掘的纺轮实物充分证明了它的结构，即它是由纺轮和捻杆组成的。1959年，新疆维吾尔自治区博物馆考古队在南疆一带配合工农业生产建设，进行普查和发掘工作时发现了一枚汉代的放在女尸脚下的带杆木纺轮（图1–39），捻杆的长度为16.5cm[41]。1978年10月广东省博物馆在广东高要县金利公社茅岗大队石角村（今广东省肇庆市高要区金利镇茅岗村）发掘了一枚陶纺轮，纺轮的穿孔内仍插着一根木棍，木棍下端被削成了锥状（图1–40[42]）。

1979年秋冬，江西省历史博物馆（今江西省博物馆）考古队和贵溪县（今江西省贵溪市）文物陈列室在县境鱼塘乡仙岩区域，联合进行了考古发掘，发现了春秋战国时期的四件纺轮。其中两件较完整，另两件仅有陶纺轮或竹质捻杆。纺轮形似珠算子，较小，高1.2~1.5cm。捻杆长18.4cm，顶端有一小缺口（图1–41[43]）。另外，湖南长沙也出土了西汉时期的带钩的铁杆纺轮（图1–42[44]）。

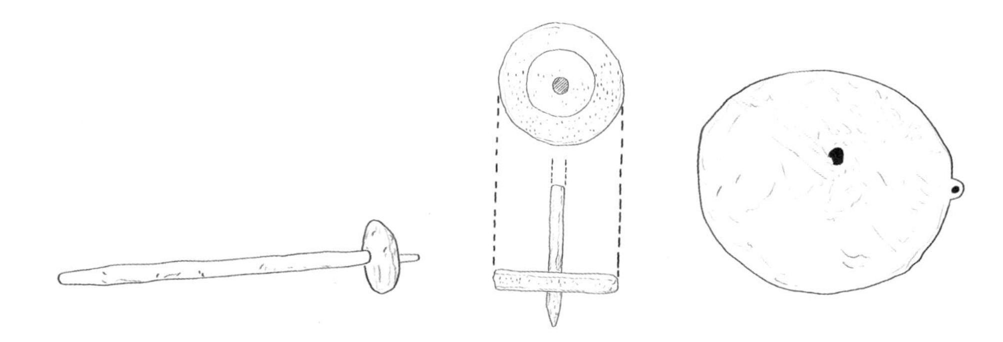

图1–39　新疆出土的带杆木纺轮示意图　　图1–40　茅岗村出土的带木棍的陶纺轮示意图

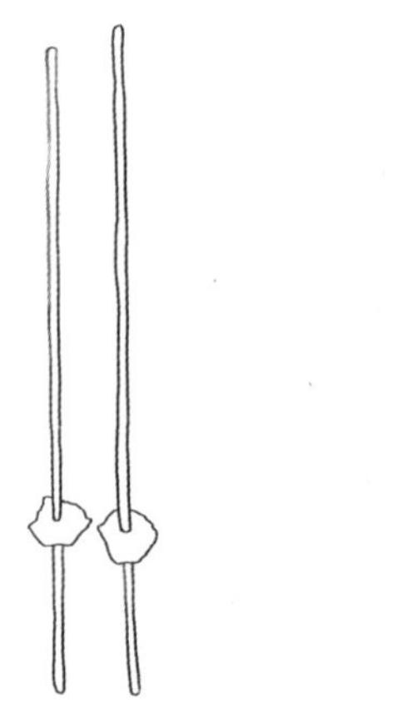

图1–41　江西出土的带杆木方轮示意图

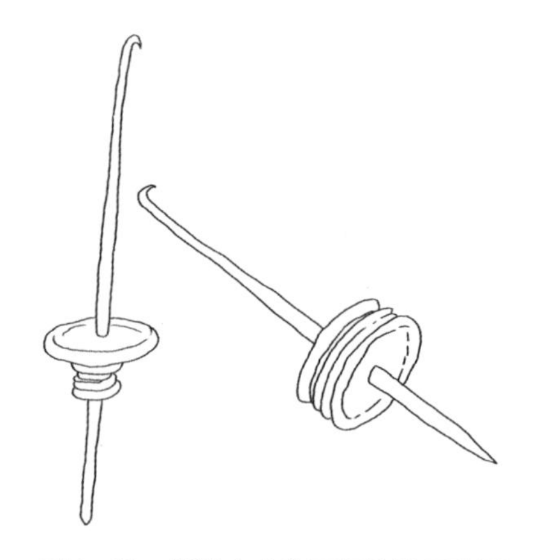

图1–42　长沙出土的西汉纺轮示意图

1985年，且末县扎滚鲁克墓葬中出土了带杆木纺轮，杆长34cm（图1–43[45]）。

考古发掘的新石器时代最为完整和精致的纺轮要数浙江余杭瑶山良渚文化墓地11号墓出土的玉纺轮（图1–44[46]）。它由两部分组成，一部分是纺轮，白玉质，直径为4.3cm、孔径为0.6cm、厚度为0.9cm；另一部分是捻杆，青玉质，杆长16.4cm，杆界面为圆形，上尖下粗，以便固定纺轮[44]。捻杆尖端处有一小圆孔，可插短木，用作定捻装置。

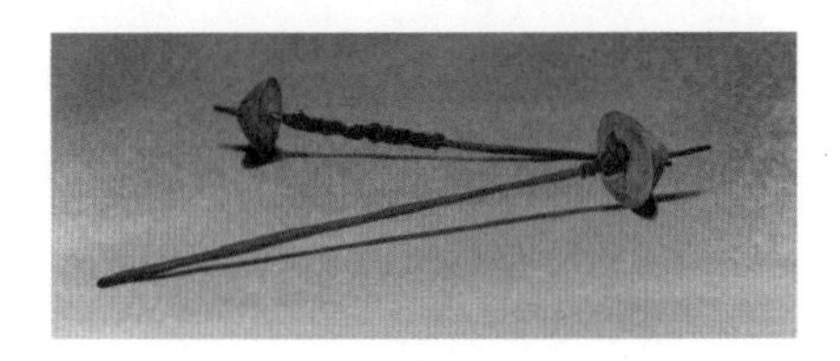

图1-43　新疆出土的木纺轮

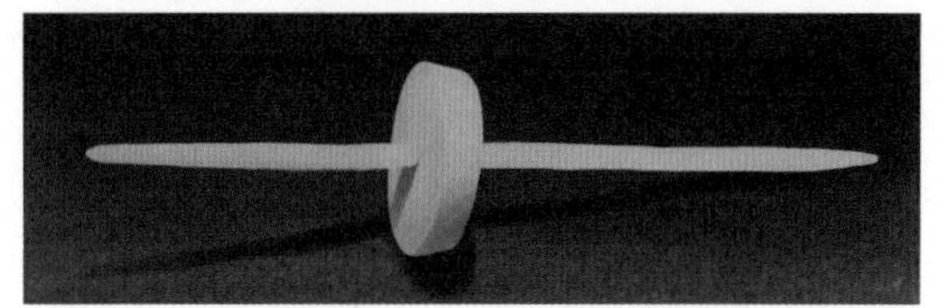

图1-44　浙江余杭出土的玉纺轮

除了考古发掘的纺轮，在现代少数民族地区还能看到纺轮的原形。少数民族地区利用纺轮来纺纱和捻线。就今而论，使用纺轮的民族很多，有独龙族、基诺族、哈尼族、布朗族、纳西族、佤族、怒族、普米族、藏族等，均以纺轮纺纱，其纺轮都是由纺轮和捻杆组成，纺轮以木、石、陶、葫芦制成，呈圆盘形、截头圆锥形或球形，还有的用铜钱作纺轮；捻杆以木、竹制成，也有用苇管的[47]。凉山彝族纺线用的工具彝语称“布伍勒帕”。凉山纺轮是用木头制成，直径4cm左右，厚约0.5cm，中间有一个孔，插一根竹竿，叫作“专杆”，也称“纺柄”，捻杆全长约20cm，专盘的上部约13cm，上端有个钩，用于钩线，下部柄约7cm（图1–45[48]）。在中国丝绸博物馆馆藏的陶纺轮（图1–46）的捻杆上端也有弯钩。我国藏族、纳西族地区同样也有纺轮的使用痕迹（图1–47、图1–48[49]）。

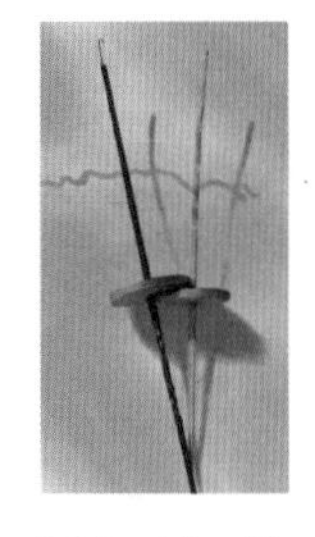

图1-45　凉山彝族的纺轮

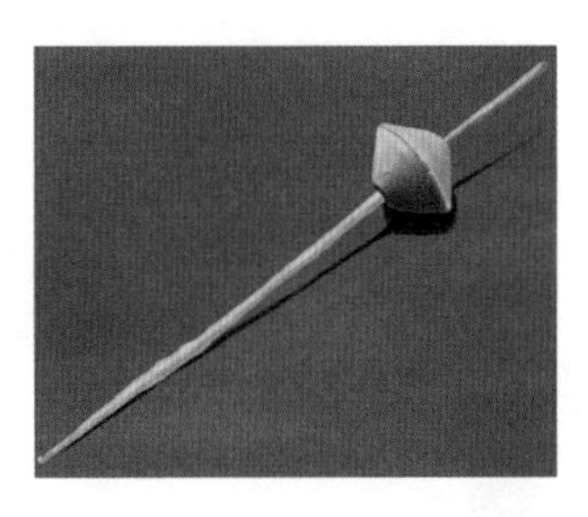

图1-46　中国丝绸博物馆馆藏纺轮

图1-47　藏族捻线工具“巴里”示意图

图1-48　纳西族的纺轮示意图

国外也发现了纺轮实物。在古希腊文明遗物中，小亚细亚出土的古希腊硬币（drachma）上有雅典娜左手拿着纺轮的图案（图1–49[50]）。古埃及第十一王朝大臣梅喀特拉（Meketra）墓中有平民纺织木雕彩像，彩像中的人物双手所持之物也当为纺轮（图1-50[51]）。

图1-49　古希腊硬币示意图

图1-50　古埃及木雕彩像示意图

第三节

纺轮的主要部件

一、纺轮

从以上考古报告、民族资料及博物馆馆藏中，不难发现纺轮包括两个构件。一是结构对称的纺轮转体（图1-51），以陶、木、石等制成；二是捻杆，有木质、竹质、玉质、铁质捻杆几种。我国目前发现最早的纺轮属磁山文化[52]和裴李岗文化[53]，均为陶片打制。考古发掘的纺轮的形状也多种多样[54]，纺轮中的圆孔是作插捻杆之用。

二、捻杆

纺轮的另外一个重要部件便是捻杆。我国台湾博物馆也收藏了近代先住民使用的捻杆（图1-52[55]）。捻杆材质可为木质、竹质、玉质、铁质，也有用苇管制成的。新

（a）河姆渡陶纺轮

（b）西安半坡石纺轮　（c）西安半坡陶纺轮

图1-51　不同形状的纺轮

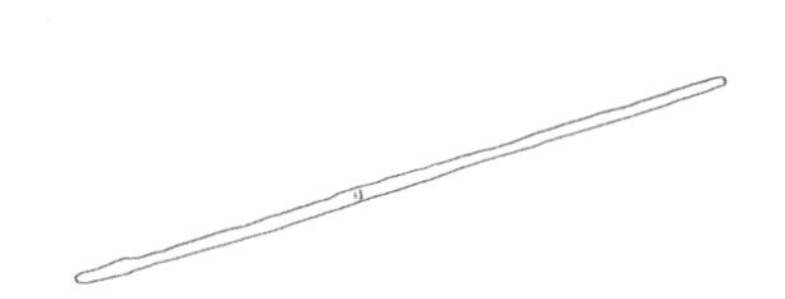

图1-52　我国台湾博物馆收藏的近代先住民所用的捻杆示意图

疆发掘的木制捻杆长短不一，从17~57cm不等[56]。根据德国赫德比考古遗址保存下来的36件维京时代的木质捻杆[55]，以及我国国内发掘、馆藏的捻杆及我国少数民族地区使用的捻杆的长度情况推断，其长度主要集中在9~57cm。捻杆的长度与纺轮的大小应该是对应的，否则太短太小的捻杆根本无法保证纺轮的顺利旋转。将一定长度的捻杆插入纺轮的中心孔便组成了纺轮。根据考古资料及民族学资料研究发现，纺轮捻杆顶端存在四种结构，第一种是捻杆的上端被削磨成尖状；第二种是捻杆的顶端有一个小孔，孔中插小木棒；第三种是在战国后期才出现的带弯钩的铁制捻杆（图1-53[56]）；第四种是顶端有凹槽的捻杆。后三种结构的捻杆在新石器时代考古发掘中并未发现。

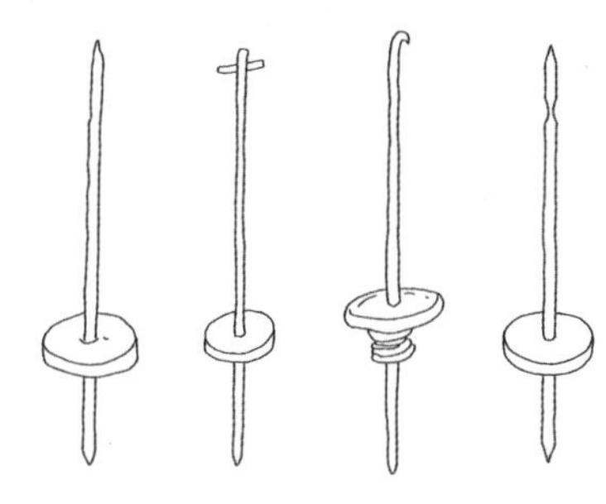
图1-53　捻杆结构

第四节

纺轮纺纱的原理与方法

一、纺纱原理

纺轮的工作原理是利用自身重量和旋转时产生的力矩做功，即旋转的惯性力做功，这种做功性质使其在加工纤维时同时具备加捻和牵伸作用。当人一只手用力旋转纺轮时，另一只手握持的杂乱纤维在人力牵伸和纺轮自身重力作用下被牵伸拉细，通过纺轮的旋转被抽长拉细的纤维经过加捻扭合组成一股细纱。在不断地旋转中，人力也不断牵伸，纤维牵伸和加捻的力不断地沿着捻杆的方向向上传递，这样加捻和牵伸也不断进行。待纱纺到一定长度时，将加捻过的纱缠绕在捻杆上即完成“纺纱”过程。之后再不断重复上面的动作，用力旋转纺轮，使它继续纺纱（图1-54）。

图1-54　纺轮纺纱示意图

小小的纺轮虽然构造相当简单，但原始先人配合他们灵巧的双手，巧妙地完成了目前现代纺纱工艺仍然沿袭的三大运动，即牵伸、加捻和卷绕。虽然现代纺纱机已经拥有多种多样的传动结构和计算机控制系统，但是无论是喷气纺、涡流纺，还是环锭纺，纺纱原理都是相同的，牵伸、加捻和卷绕这基本的三大运动缺一不可。

二、纺纱方法

根据国内外考古发掘的纺轮图片资料、相关文献及我国少数民族地区纺轮的使用情况来看（图1–55[55]、图1–56[55]、图1–57[57]、图1–58[58]），纺轮的用法可分为悬垂式和支撑式两种，也称吊锭纺和转锭纺。悬垂式（吊锭纺）用法根据纺轮在捻杆的位置不同，又分为四种（图1–59[7]）：第一种是纺轮在捻杆下端；第二种是纺轮在捻杆中端靠下的位置；第三种是纺轮在捻杆的最上端；第四种是纺轮在捻杆的底端，属于单面插杆式。第三种和第四种捻杆均不穿过纺轮。第三种纺轮在新石器时代没有被使用，因为这种纺轮的捻杆顶端必须有一个弯钩，这在新石器时代是很难实现的。吊锭

图1–55　欧洲维京人使用的纺轮示意图

图1–56　美洲阿兹特克文化所用的纺轮示意图

图1–57　古希腊织物上关于纱线准备的图像

图1–58　中国黎族妇女使用的纺轮

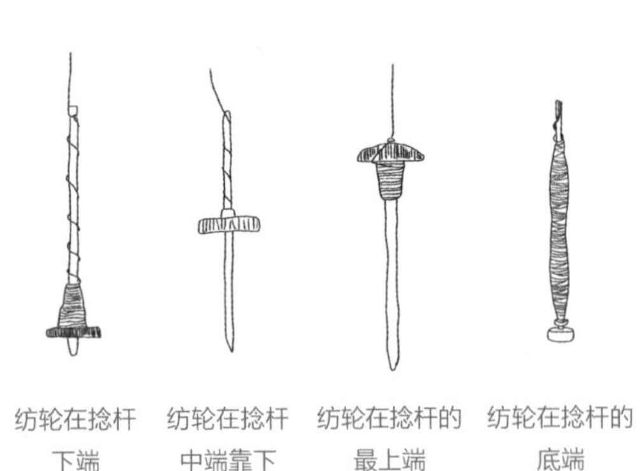

图1–59　纺轮在捻杆上的四种位置

纺纺纱时先将要纺的散乱纤维放在高处或者用左手握住，再从其中抽捻出一段缠在捻杆上端，然后用右手拇指、食指捻动捻杆，使纺轮不停地在空中向左或向右旋转，同时不断地从手中释放纤维，这样使纤维在纺轮的旋转过程中得到牵伸和加捻，待纺到一定程度，把已纺的纱缠在捻杆上。如此反复，直到纱缠满捻杆为止。

从国内新石器时代考古发掘及少数民族地区使用的纺轮来看，在吊锭纺中，纺轮在捻杆上的位置多为穿孔且靠近中下端[37]，即前文所说的第二种。纺轮的位置，在捻杆中部偏下的地方，纺轮之下捻杆的长度为一拳多一点，当纺完一段纱后，须用右手握住捻杆下端，转动纺锤，将纺好的纱缠绕在纺轮以上的部位，这就是下端捻杆留一拳之长的原因[47]。转锭纺所用的纺轮在使用时不是悬吊在空中，而是倾斜或者竖立在碗状器具上，用手转动捻杆，使纺轮转动（图1-60）。由于碗状器具的存在使转动空间有一定的局限性，所以用转锭纺所纺的纱均为S捻。近代山西部分地区、云南白族、西藏藏族等还保留了转锭纺纺纱方法。转锭纺用的捻杆明显短于吊锭纺。

图1-60　转锭纺纺纱

无论是怎样的纺纱方法，纺纱质量和效率较之前都有了较大的提升。国外的学者E.J.Tiedeman[9]曾经将全手工搓捻纺纱与纺轮纺纱效率进行了对比，实验结果是用纺轮纺纱比用其他无工具纺纱的效率要高2.1倍。纺轮作为纺织技术出现的标志物[59]，对纺织的发展起到了举足轻重的作用。

本章小结

纺轮的出现是人类在迫切需求及实践中不断发现、开拓、创新的结果，它的出现离不开绳的贡献。原始人类在制绳过程中对动植物筋皮及纤维的认识、对旋

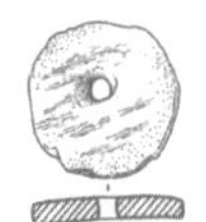

转加捻的认识及对复合工具的应用等不断提升，一步步实现了从结并、交缠、摩擦搓捻到旋转加捻、重力加捻的转变，在同一工具上实现了牵伸、加捻及卷绕。在这一过程中，大大节省了人力，提高了产品质量和绩接效率。纺轮的出现是真正的纺纱开始出现的标志，它是纺纱机械产生和发展的起点，它为后世纺织文明的发展做出了不可磨灭的贡献。

纺轮包括两种构件：一是结构对称的纺轮转体，以陶、木、石、铁等制成；二是捻杆，捻杆材质多为竹、木，也有玉质，长度为9~57cm。捻杆的顶端结构分为四种，第一种是尖端，第二种是在杆的顶端加一个横木，第三种是在尖端刻槽，第四种是铁质并带有弯钩。国内发掘的新石器时代捻杆顶端结构多为尖端结构。纺轮在捻杆上放置的位置也存在一定的差异性，主要分为：在捻杆下端、在捻杆中下端、在捻杆最上端及在捻杆底端。根据使用工具的差异，可将纺轮纺纱方法分为吊锭纺和转锭纺。转锭纺对于原材料的强力和长度要求明显小于吊锭纺。

参考文献

[1] 贾兰坡，盖培，尤玉桂. 山西峙峪旧石器时代遗址发掘报告[J]. 考古学报，1972(1):39-58.

[2] 刘军. 河姆渡文化[M]. 北京：文物出版社，2006:98.

[3] 张翼飞，王立军. 汉字与古代纺织文化[J]. 中国教师，2009(3):55.

[4] 王本兴. 甲骨文经典拓片100例[M]. 北京：北京工艺美术出版社，2015:100.

[5] 郭乙姝，于伟东，王欢，等. 论结、绳、编的并列出现及演化[J]. 丝绸，2017，54(7):90-96.

[6] 陈维稷. 中国纺织科学技术史(古代部分)[M]. 北京：科学出版社，1984.

[7] JOSEPH N. Science and civilization in China (Vol 5-9): chemistry and chemical technology, textile technology spinning and reeling[M]. New York:Cambridge University Press, 1998: 65-69.

[8] 冯清，李强，李建强. 中国古代纺织技术起源刍议[J]. 服饰导刊，2013，2(2):74-78.

[9] TIEDEMAN E J, JAKE K A. An exploration of prehistoric spinning technology: spinning efficience and technology transition[J]. Archaeometry, 2006, 48 (2):293-307.
[10] 王欢. 论纺物的起源及其与石器的同步文明[D]. 上海:东华大学,2016:38-39,55-56.
[11] 高汉玉. 河姆渡绳子的鉴定[M]//浙江省文物考古研究所. 河姆渡:新石器时代遗址考古发掘报告. 北京:文物出版社,2003:455.
[12] 浙江省文物管理委员会. 吴兴钱山漾遗址第一、二次发掘报告[J]. 考古学报, 1960(2):73-91.
[13] 紫玉. 世界上最古老的陶器——绳纹陶器[J]. 收藏界,2010(9):66-69.
[14] 沈继光,高平. 物语三千:复活平民的历史[M]. 桂林:广西师范大学出版社, 2013.
[15] 陈明远,金岷彬. 人类的第一个时代是木—石器时代——全盘修正"史前史三分期学说"之一[J]. 社会科学论坛,2012(8):4-20.
[16] 马克思. 资本论:第1卷[M]. 北京:人民出版社,2004.
[17] 恩格斯. 家庭、私有制和国家的起源[M]. 张仲实,译. 北京:人民出版社, 1962:20.
[18] 贾兰坡. 周口店——"北京人"之家[M]. 北京:人民出版社,1975.
[19] 贾兰坡. 什么时候开始有了弓箭[J]. 郑州大学学报:哲学社会科学版,1984 (4):1-4.
[20] 范志文. 木质工具在原始社会中的地位和作用[J]. 农业考古,1989(1):205-214.
[21] 宋兆麟. 从棍棒到耒耜[J]. 化石,1980(2):18-19.
[22] 刘敬. "绳"——一个促使人类走向文明与进步的文化[J]. 成功(教育),2010 (3):291-294.
[23] 和春云,谭华. 从"飞石索"看纳西族原始体育的起源[J]. 体育学刊,2009, 16(7):98-101.
[24] 耀西,兆麟. 石球——古老的狩猎工具[J]. 化石,1977(3):7-8.
[25] 仪明洁,高星,裴树文. 石球的定义、分类与功能浅析[J]. 人类学学报,2012, 31(4):355-363.

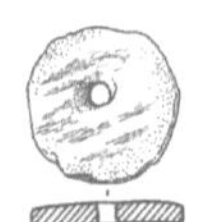

[26] 浙江省文物考古研究所. 河姆渡:新石器时代遗址考古发掘报告(下)[M]. 北京:文物出版社,2003:281-513.

[27] 陶园,于伟东. 纺织材料应用起源探析[J]. 丝绸,2015,52(4)63-69.

[28] 顾玉才. 海城仙人洞遗址装饰品的穿孔技术及有关问题[J]. 人类学学报,1996,15(4): 294-301.

[29] 蒋聚波. 日本绳纹陶器与中国大地湾、仰韶陶器的比较研究[J]. 浙江树人大学学报(人文社会科学),2016,16(3):59-62.

[30] 朱乃诚. 中国陶器的起源[J]. 考古,2004(6):70-78.

[31] 陶园,王其才,王婧,等. "结"的起源与功能分化探析[J]. 丝绸,2017,54(8):84-89.

[32] 陶园. 基于痕迹考古方法的纺织材料起源研究[D]. 上海:东华大学,2015.

[33] 陈含章. 结绳记事的终结[J]. 河南图书馆学刊,2003(6):71-76.

[34] 林耀华. 原始社会史[M]. 北京:中华书局,1984:437.

[35] 明文书局股份有限公司. 中国纺织史话[M]. 台北:明文书局股份有限公司,1982:2.

[36] 康兴民. 旧石器时代晚期骨针功用及对中国远古文明萌生的影响[J]. 中国包装,2013,33(9):28-31.

[37] 郑永东. 浅谈纺轮及原始纺织[J]. 平顶山师专学报,1998(5):71-72.

[38] 邓小红. 两广地区原始穿孔石器用途考[C]//英德市博物馆,中山大学人类学系,广东省博物馆. 中石器文化及其有关问题研讨会论文集. 广州:广东人民出版社,1999:268-274.

[39] 康兴民,白兴易. 旧石器时代穿孔饰品的起源与发展[J]. 中国包装,2013,33(12):27-30.

[40] 马斯洛. 动机与人格[M]. 3版. 许金声,等,译. 北京:中国人民大学出版社,2007.

[41] 李遇春. 新疆民丰县北大沙漠中古遗址墓葬区东汉合葬墓清理简报[J]. 文物,1960(6):9-12.

[42] 杨豪,杨耀林. 广东高要县茅岗水上木构建筑遗址[J]. 文物,1983(12):31-46.

[43] 程应林,刘诗中. 江西贵溪崖墓发掘简报[J]. 文物,1980(11):1-25.

[44] 上海市纺织科学研究院《纺织史话》编写组. 纺织史话[M]. 上海:上海科学

技术出版社,1978:46.
[45] 韩翔,等. 尼雅考古资料[M]. 乌鲁木齐:新疆社会科学院知青印刷厂,1988.
[46] 芮国耀. 余杭瑶山良渚文化祭坛遗址发掘简报[J]. 文物,1988(1):32-51.
[47] 冯利,宋兆麟. 凉山彝族的传统纺毛工艺[J]. 云南民族学院学报:哲学社会科学版,2001(2):60-66.
[48] 苗丽. 凉山绩与纺的工具(纺专)及纺纱方法[EB/OL]. [2021-11-10]. http//www.cuzhiwang.com/forum.php?mod=viewthread&tid=7938&highlight=%B7%C4%D7%A8.
[49] 王春英. 藏族传统纺织工具的考查与研究[J]. 中国科技史杂志,2016,37(1):40-47.
[50] EVA C K. The reign of the Phallus[M]. California:University of California Press,1985:229.
[51] 许钟荣. 世界博物馆全集(第11册):埃及博物馆[M]. 台北:锦绣出版社有限公司,1983:102.
[52] 孙德海,刘勇,陈光唐. 河北武安磁山遗址[J]. 考古学报,1981(3):303-338.
[53] 中国社会科学院考古研究所河南一队. 1979年裴李岗遗址发掘报告[J]. 考古学报,1984(1):23-52.
[54] 张春辉,游战洪,吴宗译,等. 中国机械工程发明史(第二编)[M]. 北京:清华大学出版社,2004.
[55] 王迪. 新石器时代至青铜时代山东地区纺轮浅析[D]. 济南:山东大学,2009.
[56] 戴良佐. 新疆古纺轮出土与毛织起始[J]. 新疆地方志,1994(2):42-43.
[57] 李强. 中国古代美术作品中的纺织技术研究[D]. 上海:东华大学,2011.
[58] 绿丝绦. 古代纺纱工具:纺锤(纺轮和锤杆)、纺专[EB/OL]. [2021-11-10]. http//www.cuzhiwang.com/forum.php?mod=viewthread&tid=1131&highlight=%B7%C4%C2%D6.
[59] 张东. 重回河姆渡[M]. 上海:上海古籍出版社,2010:82.

第二章 新石器时代的纺轮与织物

新石器时代纺织技术的发明是人类技术史上的一件盛事[1]。纺轮的出现宣告人类脱离了披枝戴叶、裹缚兽皮的时代，一个规模巨大的加工工业——纺织工业开始萌芽，人类的生活和文化完全迈入了一个新的阶段。纺轮在人类的实践中诞生，它的出现使人类告别了搓绩时代，真正步入了纺的岁月。它不仅提高了纱线的质量，细化了纱线，同时还提高了纺纱效率。它是我国古代人民普遍使用的纺纱工具[2]。随着生产力的发展和人口的增加，人们迫切希望更快地纺出更好的纱线，于是远古人类在生产实践中开始重点考虑悬挂重物——纺轮对纺纱的技术影响。查阅我国各地的考古发掘报告发现，从新石器时代中期到晚期共几千年的时间里，从北到南、从中到西、从中原汉民族聚居地区到边远少数民族生活地区、从墓葬到生活遗址的各类考古发掘中，都发现了各式各样、数量不等的纺轮。

第一节

新石器时代的纺轮

文明的发展史其实就是在江河相济、南北互补中铸造的辉煌历史。中华文明汲取了黄河、长江的精华而诞生，又在两大母亲河的共同哺育下发展壮大、繁荣昌盛，黄河和长江相得益彰、缺一不可。没有黄河，中华文明就失去了根基；没有长江，中华文明就不会这么枝繁叶茂。中华文明是由黄河和长江共同繁育的，中华文明也是一个“两河文明”[3]。考古学文化都是以黄河流域和长江流域为中心向周边地带不断地传播、辐射和扩散的结果。从地图上来看，这两条大河像一双巨手，拱卫着、佑护着中华民族，以这两条河为中心形成了独特的地理环境[4]，所以笔者以长江流域、黄河流域文化为脉络，梳理了新石器时代裴李岗文化、磁山文化、跨湖桥文化、北辛文化、河姆渡文化、仰韶文化、大汶口文化、大溪文化、屈家岭文化、石家河文化、龙山文化等代表性文化的典型遗址中发掘的纺轮，并对新石器时代纺轮的形状、直径、厚度和孔径等进行了统计。

中国新石器时代分为早、中、晚三期。早期年代为公元前10000~前7000年，中期年代为公元前7000~前5000年，晚期年代为公元前5000~前3500年[5]。由于考古学文化所采用的数据是经过树轮校正后的日历年龄，根据这个时间划分和日历年龄将发掘的纺轮分为三个时间段来统计和论述，即新石器时代中期（距今7000~8000年），新石器时代晚期偏早（距今5500~7000年）和新石器时代晚期偏晚（距今3500~5500年）阶段。

截至目前发掘的纺轮在新石器时代几千年的跨度时间里数量很多，如表2-1所示。表中列举了我国考古发掘的新石器时代典型文化遗址内的纺轮数量，最有名的当属在湖北天门肖家屋脊早期遗址中发掘的500多件纺轮。

表2-1　典型遗址中发掘的纺轮数量

序号	遗址	数量/个
1	河南裴李岗文化莪沟遗址[6—10]	9
2	河北磁山文化遗址[11—12]	23
3	浙江河姆渡遗址[13]	71
4	萧山跨湖桥遗址[14]	103
5	西安半坡遗址[15]	52
6	福建福清县（今福清市）东张镇新石器时代遗址[16]	336
7	江西清江营盘里遗址[17]	92
8	青海乐都柳湾遗址[18]	100
9	湖北天门石家河肖家屋脊早期遗址[19]	514
10	广东曲江石峡遗址[20]	93
11	河南唐河寨茨岗新石器时代遗址[21]	87
12	福建闽侯县昙石山遗址[22]	307
13	湖南常德澧县城头山遗址[23]	168
14	内蒙古庙子沟、大坝沟遗址[24]	103
15	河南三门峡庙底沟遗址[25]	85
16	河南平顶山蒲城店遗址[26]	100
17	山东泰安大汶口遗址[27]	31

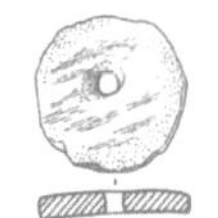

一、新石器时代中期

（一）裴李岗文化

裴李岗文化属于新石器时代文化，是目前中原地区发现最早的新石器时代文化之一。裴李岗文化是汉族先民在黄河流域创造的古老文化，是华夏文明的重要来源。裴李岗文化的年代距今7400~8000年[24]，制陶业较原始，处于手制阶段。在该文化阶段发掘的纺轮数量极少。

1975~1978年，在河南密县莪沟北岗（今河南省新密市超化镇莪沟村北岗）新石器时代遗址中发掘了4件陶纺轮，皆系夹砂陶片磨制而成，形状近圆形，穿孔不在圆中心，周边加工粗糙，显示了纺轮的原始形态[10]（图2-1[7-9]）。1979年，中国社会科学院考古研究所河南一队在裴李岗遗址中发现了陶制工具，其中仅有2件纺轮，均是利用陶片改制而成，直径为3.6cm[6-7]。1999年，在河南辉县孟庄遗址的裴李岗文化遗存中发掘陶纺轮2件，夹砂红陶，系残陶片磨成，中部有一圆形穿孔，周边不十分规则，直径为5.2cm，厚度为0.25cm[9]；2007年，在河南新郑市唐户遗址中发现裴李岗文化遗存的夹砂夹蚌红褐陶1件，该红褐陶呈圆饼状，中部有一个圆穿孔，素面，系用陶片加工而成，直径为3.5cm，厚度为0.4cm[8]。

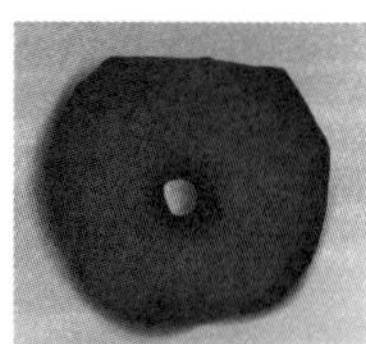

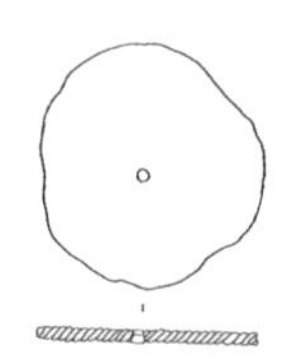
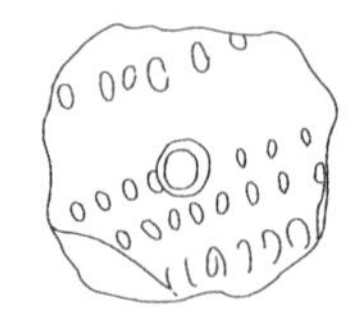

图2-1　裴李岗文化纺轮及其形状示意图

从统计的裴李岗文化纺轮资料来看，该阶段发现的纺轮数量极少，且均由陶片改制而成，陶质粗糙，多夹砂，具体如表2-2所示。这证明在裴李岗文化阶段虽然原始的纺织手工业已经存在，但是水平较低。这个阶段的纺轮直径并不大，据可统计的数据来看，直径为3~4cm。

表2-2　裴李岗文化纺轮参数统计

材质	数量/个	形状	直径/cm	厚度/cm
陶片打制	2	饼形，陶片改制成，周边不规则	3.6	—
夹砂红陶	2	饼形，残陶片磨成，周边不规则	5.2	0.25
夹砂夹蚌红褐陶	1	圆饼形，陶片加工而成	3.5	0.4

（二）磁山文化

磁山文化是中国华北地区早期的新石器文化，因首先在河北武安磁山发现而得名。磁山文化距今大约7400年[28]，是华北新石器时代早期的重要文化。磁山文化与老官台文化、大地湾文化、李家村文化、裴李岗文化等是仰韶文化的前身，故被统称为“前仰韶”时期新石器文化[29]。磁山文化时期陶器制作还比较原始（图2–2[30–31]），处于手制阶段，较先进的慢轮修整、模制和轮制技术还没有出现[30]。

1977年邯郸市文物保管所（今邯郸市文物保护研究所）在河北磁山新石器遗址发掘4件纺轮，分二式：Ⅰ式已残，呈圆饼形，中有穿孔，直径5.5cm，厚1cm，夹砂红褐陶；Ⅱ式，器身略弯，边缘不齐，由陶片磨制而成，中有穿孔，直径3cm，厚0.6cm，泥质红陶[12]。1981年孙德海等在河北武安磁山遗址中发现纺轮共19件，器形不甚规整。其中在第一层发现纺轮8件，均由陶片磨成；在第二层发现陶纺轮11件，呈圆饼形，由陶片加工而成[11]。

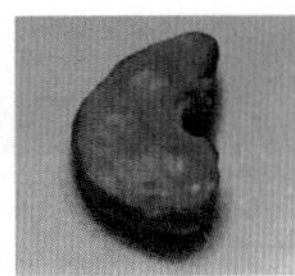
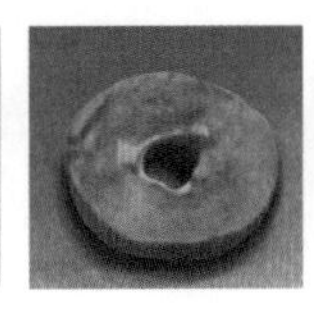
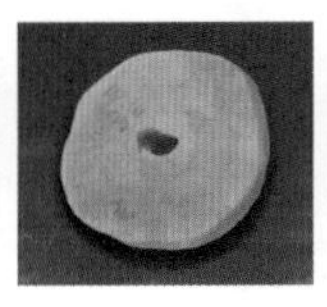
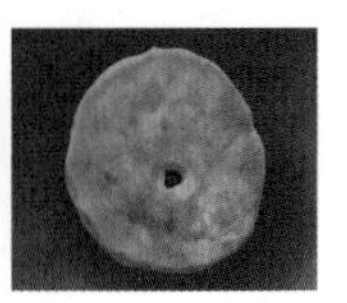

图2–2　磁山文化纺轮

从磁山文化纺轮来看，该阶段直径为5~6cm的大型纺轮较多，小型纺轮也有出现，如表2–3所示。这个时候的纺轮并不全部是由陶片改制而成，此时已经出现了专门的陶纺轮手制工艺。这在一定程度上说明了纺轮在当时地位的提升，以及人类对其利用的迫切性。单独靠陶片磨制出的纺轮在功能上已经不能满足当时人类的需求，人们迫切希望功能性更好的纺轮出现，于是开始了对纺轮的捏制，这也间接说明了纱线在人类生活中的重要作用。

表2–3　磁山文化纺轮参数统计

材质	数量/个	形状	直径/cm	厚度/cm
夹砂红褐陶	2	圆饼形	5.5	1.0
泥质红陶	2	器身略弯，边缘不齐，由陶片磨制而成	3.0	0.6
陶片打制	19	均由陶片磨成，器形不甚规整	—	—

同时，磁山遗址中还发现了其他一些较早的纺织工具：骨匕、骨梭、角梭[26]。

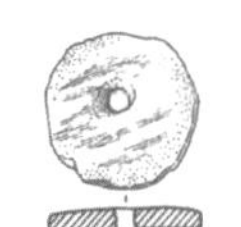

骨匕是用于纺织的刀杼；骨梭和角梭也称梭形器，是纺织中用来穿线织布的梭子。梭的出现，使纺织的效率比“手经指挂”旧法的效率提高了好多倍。另外，在遗址中出土的陶片上，还发现了大量布纹的印痕，样式与今麻布略同。一些烧过的土块上还有苇席的痕迹。这些粗糙的布纹和苇席印痕，直观地反映了我国最原始的纺织和编织水平。

从磁山文化纺轮可以看出，此阶段手工纺织已经发展到了一定的水平，人类开始利用纤维纱线织布，为满足人类生活需求的手工纺织已经诞生并发展。

（三）跨湖桥文化

跨湖桥文化距今7000~8200年，整体上早于河姆渡文化所属的年代[32]，要早于河姆渡文化1000年，是当时发现的浙江省境内最早的新石器时代文化遗址[33]。在文化性质上，确认是一种“山地型文化”向“平原型文化”演化过渡的文化类型[32]。跨湖桥遗址文化对整体研究长江流域的文化起到了重要的中介作用。

2002年考古学家在萧山跨湖桥遗址发现了陶纺轮和线轮103件[14]。这些纺轮均由陶片打制而成，边缘或略作打磨，形状多为不规则的圆形，也有方形的（图2-3、图2-4[14]）；中心对钻一孔，孔的位置往往不在正中，小部分孔未钻透或未施孔。其中钻孔占70%，不钻孔占21%，钻而不透孔占9%[34]，据推测钻而不透孔应当是半成品。跨湖桥文化纺轮的厚度范围为0.3~0.8cm，主要集中在0.4~0.7cm；孔径范围为0.3~0.8cm，主要集中在0.3~0.6cm，如表2-4所示[14]；质量为5~40g，主要集中在5~20g[34-51]。

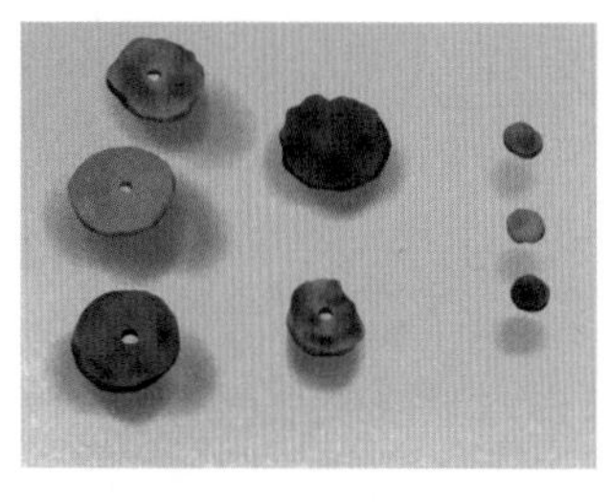

图2-3　跨湖桥文化纺轮（萧山跨湖桥遗址博物馆）

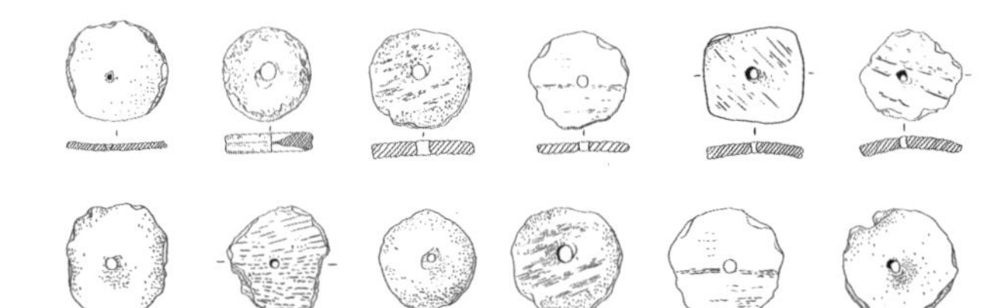

图2-4　跨湖桥文化纺轮形状示意图（跨湖桥遗址）

表2-4　跨湖桥文化纺轮参数统计

材质	形状	直径/cm	孔径/cm
陶片打制	利用豆盘底部制成，边缘略作打磨，孔近正中	6.6	1.2

续表

材质	形状	直径/cm	孔径/cm
陶片打制	打磨较圆，中孔较直，孔近正中	5.2	0.7
陶片打制	打制较圆，留单面钻孔痕，未透，孔的位置较偏	7.0	—
陶片打制	打制，未钻孔	5.8	—
陶片打制	打制，孔偏离中心，孔边另有两个未透的线眼	4.0	0.4
陶片打制	不规则圆形，孔近中部	4.3	0.4
陶片打制	近方，单面钻孔，未透	5.0	—
陶片打制	打制，近圆，孔稍偏	4.2	0.4
陶片打制	打制，不规则，孔偏	4.4	0.3
陶片打制	打制，残半，单面钻孔，未透	5.4	—
陶片打制	打制，近圆，未钻孔	5.4	—
陶片打磨	打磨，近圆	4.7	—
陶片打磨	打磨，近方，未钻孔	3.7~4.6	—
陶片打制	打制，近方，单面钻孔，未透	5.0	—
陶片打磨	打磨，近圆，残半	5.8	0.5
陶片打磨	打磨，近圆，孔略偏	4.5	0.4
陶片打磨	打磨，圆，未钻孔	2.5	—

从统计数据可看出跨湖桥文化的纺轮都是由陶片打制或者磨制而成。磁山文化已经出现的手制纺轮在此阶段并没有出现。纺轮的形状显示了其最原始的形态，多为不规则的饼形，且大中小型纺轮在此阶段都有出现。

二、新石器时代晚期偏早阶段

（一）北辛文化

北辛文化是黄河下游一种原始社会较早期的文化。经碳十四测定这种文化距今6400~7400年[35]。在北辛文化阶段，农业、手工业和制陶业均有所发展。

纺轮在山东地区的出现始于北辛文化，在北辛文化之前的山东地区后李文化中未发现纺轮[36]。北辛文化出土的纺轮达十多件，有陶质和石质纺轮（图2-5[36]）。唯一一件完整的陶质纺轮，器形不甚规

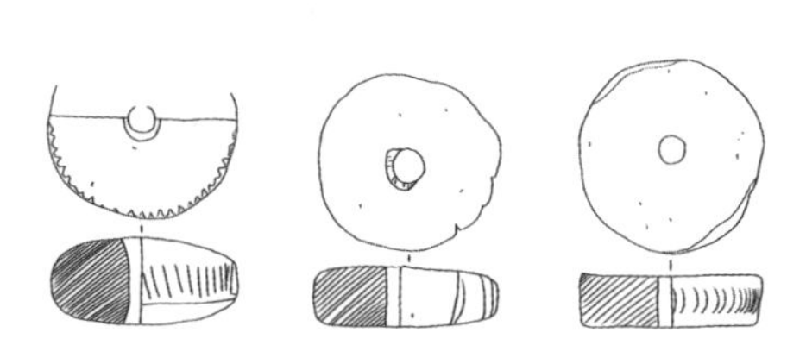

图2-5　北辛文化纺轮形状示意图

整，直径4cm，厚度1.3cm，孔径0.7cm。石质纺轮总数多于8件，也多残破，分为A型（两面平）和B型（两面鼓出），以A型为主。A型标本6件，直径4.9~6.4cm，厚度1~3cm，孔径0.5~0.9cm；B型标本1件，直径6.4cm，厚度3cm，孔径0.8cm[36]，如表2-5[37]所示。从可统计的数据来看，陶质纺轮为中型，石质纺轮多为大型。

表2-5　北辛文化纺轮参数统计

材质	形状	直径/cm	厚度/cm	孔径/cm
细砂红陶	穿孔剖面呈竖直长方形状	4.0	1.3	0.7
千枚岩、绿泥云母岩	两面平，圆饼形	4.9~6.4	1.0~3.0	0.5~0.9
	两面鼓出，圆饼形	6.4	3.0	0.8

（二）仰韶文化

中国的仰韶文化距今5000~6000年，仰韶文化的制陶业比较发达，制陶技术最能代表当时的手工业经济发展的水平[38]。这时的陶器是以红陶为主，灰陶和黑陶次之。

半坡文化和庙底沟文化，是仰韶文化的两个主要类型[39]。这两个类型的文化，分布区域和范围大致相同，文化特征和因素有显著的区别，但又有一定的共性。在这两个文化范围内都发掘了纺轮。

1．半坡文化

半坡文化是黄河流域典型的新石器时代仰韶文化母系氏族聚落文化，半坡文化时期是母系氏族公社的繁荣时期[40]，断代为公元前4225~前4005年[41]，位于陕西省西安市半坡村。西安半坡遗址发掘出土了52枚纺轮，其中石纺轮2件（图2-6），陶纺轮50件，保存完整的只有9件（图2-7、图2-8[15]）。石纺轮是用石灰岩做成的，通身磨光，中间穿一孔，孔由两面错成。陶纺轮大部分是用细泥陶片打制或磨制成的，小部分是用陶土做成的，中间穿孔，烧制的火候较低，陶质疏松，可分3种，如表2-6所示。第一种形状为圆饼形，有45件，器身两面都很平整，周缘大都磨光，小部分有棱，截面呈长方形或长方尖角形，直径范围为3.5~6cm，厚度为0.5~1.5cm；第二种为圆台形，有3件，都是用陶土做成的，扁平圆形，底大面小，断面略呈梯形，底直径约5.5cm，厚约2.5cm；第三种为馒头形，有4件，都是用陶土做成的；平底尖顶，截面呈等腰三角形，底径约6.5cm，高约3cm[15]。

图2-6　石纺轮（半坡遗址博物馆）

图2-7　陶纺轮（半坡遗址博物馆）

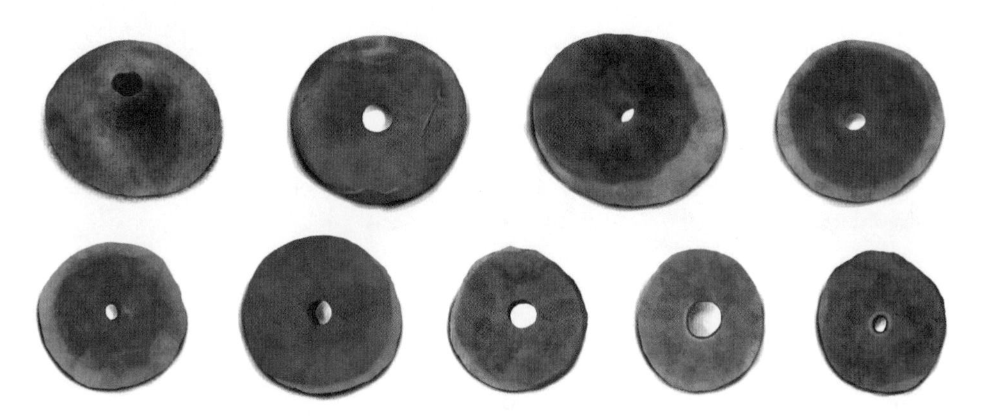

图2-8　半坡遗址出土的陶纺轮

表2-6　西安半坡遗址出土的纺轮参数统计

材质	数量/个	形状	直径/cm	厚度/cm
细泥（大部分是用细泥陶片打制或磨制成的，小部分是用陶土做成的，烧制的火候低，陶制疏松）	45	圆饼形	3.5~6.0	0.5~1.5
	3	圆台形	5.5	2.5
	4	馒头形	6.5	3.0

西安半坡遗址的大多数纺轮是用细泥烧制而成的，有一些是用陶土烧制的。纺轮的直径和厚度大部分都属于大型，也有小型纺轮的出现。大型纺轮直径范围为5~6cm，厚度为1~3cm。

2. 庙底沟文化

庙底沟文化以三门峡为中心，存在于公元前4000~前3100年[42]，这是仰韶文化最繁盛的时代，陶器的制作基本是泥条盘筑，也有用手捏制的，颜色以红色为主。

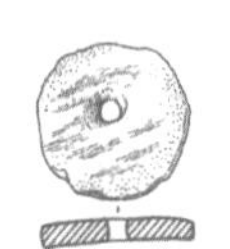

发掘纺轮较多的该文化阶段的遗址是三里桥遗址，共发掘纺轮85件。这些纺轮可分为两种：一种是由陶片改制；另一种则是直接用陶土制成[25]。1997年，考古学家在陕西华县泉护村遗址中发掘陶纺轮15件（图2-9），石纺轮1件（图2-10[43]）。2011年，又在河南省三门峡市庙底沟遗址发掘纺轮1件。该纺轮由红褐色砂岩制成，圆形，剖面呈圆角长方形，中部有对钻圆孔，直径6.2cm、孔径0.9cm、厚1.2cm（图2-11[44]）。庙底沟文化的部分纺轮参数统计，如表2-7所示。

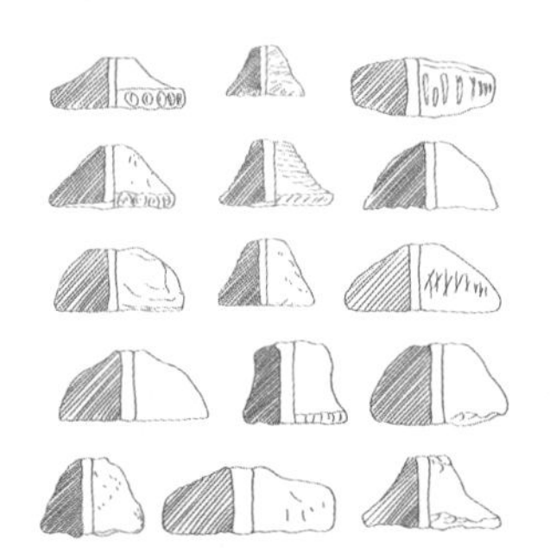

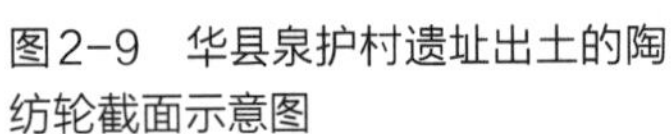

图2-9　华县泉护村遗址出土的陶纺轮截面示意图

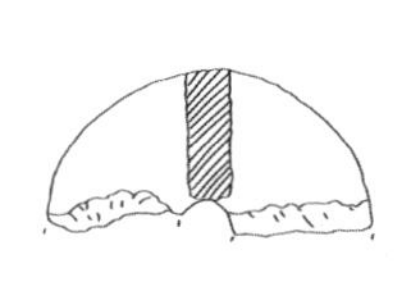

图2-10　华县泉护村遗址出土的石纺轮截面示意图

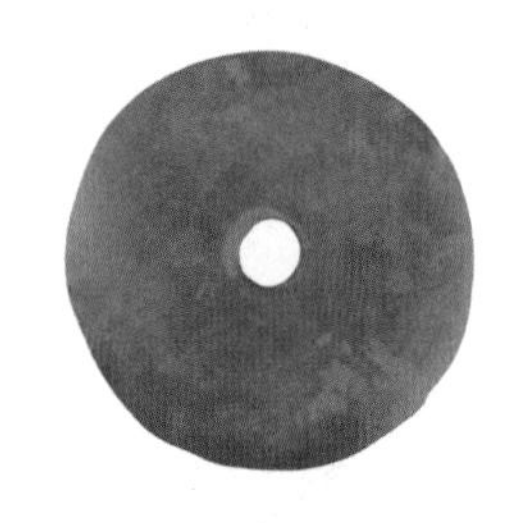

图2-11　庙底沟遗址出土的石纺轮

表2-7　庙底沟文化纺轮参数统计

材质	数量/个	形状	直径/cm	厚度/cm
红褐色砂岩	1	圆形	6.2	1.2
夹砂褐陶	1	圆台形	5.3	2.0
泥质红陶	1	圆台形	4.4	2.6
夹砂褐陶	1	扁平圆形	4.9	1.8
泥质褐陶	1	圆台形	6.0	2.9
泥质灰陶	1	圆台形	5.5	3.0
泥质灰陶	1	馒头形	5.0	2.0
泥质褐陶	1	馒头形	5.5	2.5
泥质褐陶	1	馒头形	5.2	2.2
夹砂褐陶	1	圆台形	5.0	3.3
泥质红陶	1	近圆台形	4.8	3.4
泥质褐陶	1	柱形	3.0	3.1
泥质灰陶	1	馒头形	5.2	2.4
泥质褐陶	1	圆台形	5.0	2.8
泥质褐陶	1	饼形	5.5	2.0

续表

材质	数量/个	形状	直径/cm	厚度/cm
辉长岩加工而成	1	饼形	5.8	0.8
夹细砂褐陶	1	近圆台形	5.0	2.5
陶片	68	孔系两面对穿	—	—
细泥红陶	15	边缘平整	—	—
细泥红陶	2	截尖圆锥形	—	—

庙底沟文化遗址发掘陶纺轮100件，石纺轮2件，多属于大型纺轮，即直径范围为4.5~6cm，只有一件小型纺轮，直径为3cm。且陶纺轮的厚度都较大，多大于2cm。陶纺轮的形状多为圆台形，石纺轮多为圆饼形。

（三）河姆渡文化

河姆渡文化是中国长江流域下游以南地区古老而多姿的新石器时代文化，距今约7000年[45]。河姆渡遗址出土的纺织工具数量多、种类丰富。其中数量最多的就是纺轮，有300多件，质地以陶为主，还有石质和木质，形状为扁圆形的较多，也有少量剖面呈梯形状（图2-12、图2-13[45]）。

从出土的部分纺轮参数统计来看（表2-8），河姆渡文化期间的纺轮全部为手制而成，做工较半坡文化的纺轮更加精细，形状较多。

图2-12 河姆渡文化陶纺轮

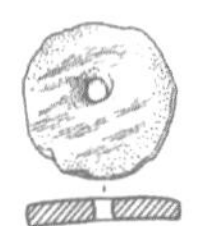

图2-13 河姆渡文化石纺轮

表2-8 河姆渡遗址发掘纺轮参数统计

材质	数量/个	形状	直径/cm	厚度/cm	孔径/cm
夹砂灰陶，夹炭灰陶，夹炭黑陶	67	圆饼形	2.0~3.0	0.5~2.0	—
			5.0~7.0		
—		圆饼形	9.4	1.1	—
夹炭灰陶		圆饼形	6.5	1.0	—
夹砂灰陶		圆饼形	4.8	1.0	—
夹炭黑陶		圆饼形	4.8	1.0	—
夹炭灰陶		圆饼形	5.8	2.0	—
夹炭灰陶	12	圆饼形	6.8	0.5	—
泥质灰陶		馒头形	5.3	1.0	—
夹炭灰陶		馒头形	4.7	1.9	—
夹炭灰陶	13	圆台形，纵断面呈梯形	2.8~5.5	1.5	—
夹砂灰陶		圆台形，纵断面呈梯形	4.0~5.2	3.1	—
夹炭灰陶		圆台形，纵断面呈梯形	3.1~4.3	2.8	—
泥质灰陶	9	算珠形	3.4	2.8	—
夹炭灰陶	10	滑轮形	3.1，3.2	2.7，3.2	—
夹砂灰陶	11	纵断面凸字形	3.0~6.1	1.7，2.3	—
夹砂陶片	1	圆饼形，横断面呈矩形	3.5	0.9	—
夹砂陶片	1	圆饼形，横断面呈矩形	3.8	0.5	—
夹砂灰陶	1	馒头形	4.8	1.3	—
夹砂灰陶	1	馒头形	5.2	1.9	—
夹砂灰陶	1	圆台形	3.8~4.8	3.5	—
夹砂灰陶	1	算珠形	4.3	2.1	—
夹砂灰陶	1	纵断面呈凸字形	3.9	1.8	—
夹砂灰陶	1	扁平圆形	5.1~5.6	0.9	0.9
	1	扁平圆形	5.6	0.4~0.7	0.7

续表

材质	数量/个	形状	直径/cm	厚度/cm	孔径/cm
泥质灰陶	5	圆饼形	5.0	0.6	—
		圆饼形	6.0	1.5	—
夹砂灰陶	4	似慢坡形	1.2~5.5	1.5	—
夹砂灰陶	1	纵断面呈凸字形	3.0~4.0	1.8	—
萤石、石英	15	扁平圆形	3.7	1.3	0.6
			6.0	1.5	—
			3.3	0.5	0.5
			5.5	0.8	0.6
多叶蜡石质	11	扁平圆形	5.6~6.2	0.8	0.8
泥岩	14	扁平圆形	5.8	1.0	0.8
			5.1	0.9	0.7

另外，在该文化遗址中还发现较多其他纺织器具，如两端削有缺口的卷布棍、梭形器和机刀等，据推测这些可能属于原始织布机附件，显示出在新石器时代，人们已从手工编织进入了原始的机械纺织[47]。这些资料表明河姆渡先民已经能利用动物的毛和植物的纤维纺纱织布做衣服，此时的纺织技术已经相当高超[47]。

（四）大溪文化

距今五六千年的大溪文化，属母系氏族晚期至父系氏族萌芽时期[48]，距今5300~6300年[49]。大溪文化因重庆市巫山县大溪遗址而得名，主要集中在长江中游西段的两岸地区。

大溪文化期间，发掘纺轮较多的遗址为湖南澧县城头山遗址，在该遗址处发掘纺轮168件[23]（图2-14）。另外在巫山县大溪遗址也发掘了纺轮12件（图2-15），这些纺轮中部厚，边缘略薄，正面饰旋涡状刻画纹。其中陶纺轮10件，直径为4.4~5.9cm[50-51]；另外还有两个骨纺轮，一个直径为7.6cm，一个直径为7cm[51]。除了湖南，在湖北的部分地区发掘的大溪文化期间的纺轮也较多。大溪文化纺轮具体参数如表2-9所示，大溪文化阶段未发现彩陶纺轮[5]。

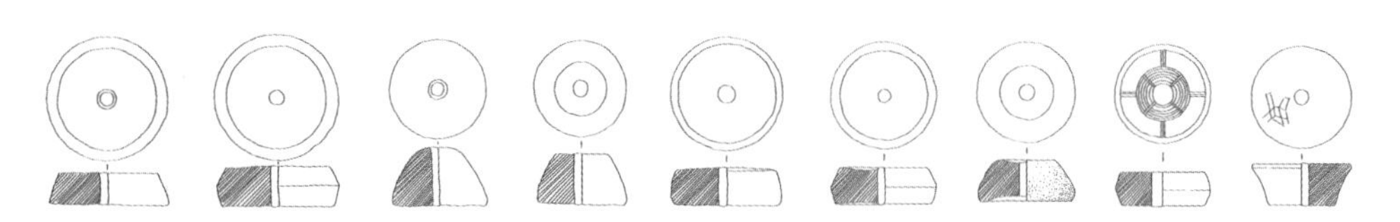

图2-14　澧县城头山遗址出土的陶纺轮截面示意图

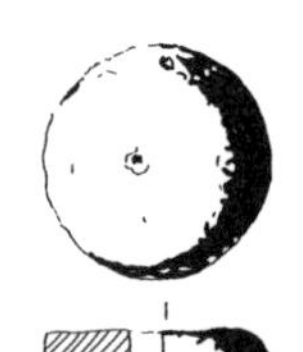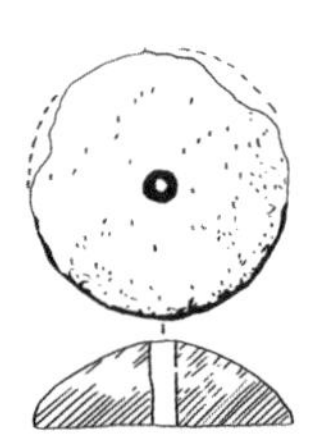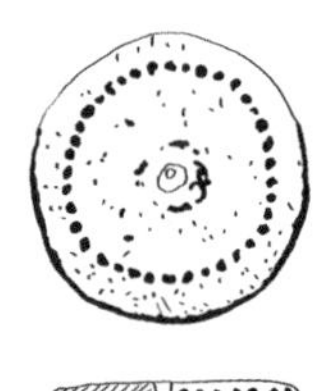

图2-15　巫山县大溪遗址出土的纺轮截面示意图

表2-9　澧县城头山遗址发掘的纺轮参数统计

材质	数量/个	形状	直径/cm	厚度/cm	孔径/cm
泥质橙黄陶	20	圆饼形（直边）	5.7	1.3	—
泥质黑陶		圆饼形（直边）	4.7	1.9	—
泥质红陶	81	圆饼形（弧边）	6.0	1.8	—
泥质红陶		圆饼形（弧边）	5.35	2.2	—
泥质红陶		圆饼形（弧边）	4.2	1.7	—
泥质红陶		圆饼形（弧边）	4.4	1.9	—
泥质黑陶		圆饼形（弧边）	4.2	2.4	—
泥质橙黄陶		圆饼形（弧边）	3.8	2.0	—
泥质黑陶		圆饼形（弧边）	3.4	1.6	—
泥质灰陶		圆饼形（弧边）	4.0	1.8	—
泥质暗红陶		圆饼形（弧边）	3.3	1.4	—
粗泥红陶	21	圆饼形（斜边）	4.8~5.8	1.5	—
粗泥红陶		圆饼形（斜边）	5.2~5.9	2.0	—
粗泥红陶		圆饼形（折边起棱）	5.3	1.8	—
粗泥红陶		圆饼形（折边起棱）	4.5	1.8	—
粗泥红陶		圆饼形（折边起棱）	5.5	1.8	—
泥质橙黄陶		圆饼形（折边起棱）	5.2	1.7	—
粗泥红陶	8	近底边内弧	5.9	2.4	—
泥质红陶	16	顶面平，弧边	4.8~5.1	3.0	—
泥质红陶		顶面平，弧边	4.1~5.5	2.6	—
泥质红陶		顶面平，弧边	2~3.6	1.9	—
泥质黑陶	5	斜边内弧	3.8~5.7	3.3	—
黑陶	6	圆饼形	4.4~4.6	0.3~0.8	—
陶	2	圆饼形	5.4	—	—

续表

材质	数量/个	形状	直径/cm	厚度/cm	孔径/cm
陶	1	圆饼形	6.6	—	—
陶	1	圆台形	5.9	—	—
骨	1	圆饼形	7.0	—	—
骨	1	馒头形	7.6	—	—
泥质红陶	—	扁平圆形，凸棱边	5.1	—	—
泥质红陶	10	两面为平面	3.4	—	—
泥质红陶	5	两面微凹，边缘一周有棱	4.2	—	—
细泥橙黄陶	—	多大型，一般直径在5cm以上，分二型平面，与周边折角不明显，中部厚，周边呈斜面	6.3	—	—
泥质灰陶	—	扁平，厚薄均匀，周边缘与平面折成90° 角	4.3	—	—
细泥橙黄陶	数量多	横断面呈小圆角长方形	5.0	1.0	—
石质黑色通体磨光	—	扁平，侧边较直	5.0	0.8	—
泥质红陶	—	周边弧边上施蓖纹	—	—	—
泥质红陶	—	扁平，菱形边	—	—	—
泥质灰陶	—	扁圆，外浅褐色	5.4	—	—
泥质黑陶	—	圆饼状、两面平，周边微凸	4.2	1.0	—
泥质火红陶	—	圆饼形	3.4	0.7	—
泥质黑陶	—	圆饼形，两面平，周边微凸	4.2	1.0	—
泥质红陶	—	圆柱体	4.2	2.4	—
泥质红陶	—	扁薄，周壁起棱，两斜边，并有压印纹	3.3	0.5	—
泥质黑陶	—	圆形，弧边，上下面内凹，饰戳点组成的网格纹	—	—	—

续表

材质	数量/个	形状	直径/cm	厚度/cm	孔径/cm
夹炭红陶	—	扁圆形，平边，两面略凸	4.7	—	—
泥质红陶	—	上面平，下面内凹，凸棱边，饰线状戳点纹	5.8	—	—
泥质灰陶	—	折棱边	2.6~3.1	—	—
泥质灰褐陶	—	尖棱边	2.0~3.4	—	—
泥质红陶		圆形，弧边	5.4	—	—
泥质陶，灰黑色不匀	1	弧边	3.7~4.0	—	—
泥质陶，红黑色不匀	6	凸棱边	4.0	—	—
泥质灰陶	1	碾轮形	9.2	5.5	—
粗泥黑陶	2	两面平，周缘为直边或斜边	4.4	1.2	—
红陶，斜边	—		5.3	0.9	—
黑陶，夹有植物根茎类	6	两面平，周缘弧起	5.0	1.1	—
夹砂红陶	—	—	5.0	1.8	—
泥质黑陶	—	—	4.6	1.3	—
泥质灰陶	—	—	4.4	1.8	—

从可统计的数据来看，大溪文化阶段的纺轮，中大型纺轮偏多，材质多为泥质黑陶和红陶。需要特别说明的是，在湖北公安县王家岗遗址发现了一件直径为9.2cm，厚度为5.5cm的泥质灰陶碾轮形纺轮（图2-16[52]），这种形状和大小的纺轮在其他的文化遗址中并不多见。

（五）大汶口文化

图2-16　碾轮形纺轮示意图

大汶口文化所处年代距今4500~6500年，延续时间约2000年[16]，因山东省泰安市大汶口遗址而得名，为龙山文化的源头[53]。

在该文化遗址中发掘的纺轮总数在410枚以上，标本约260枚[36]，具体数据统计如表2-10[36]所示。这些纺轮以泥质为主，石质次之，骨质仅1枚，少量是由陶片打制而成，多数出土于文化层遗迹，少量出土于墓葬。其中以陶纺轮居多，总数在277枚以上，标本近120枚，分为泥质陶和夹砂陶（图2-17[27, 54]），直径主要集中在4~6cm，厚度多为1~2cm，孔径多为1cm[36]。石质纺轮也发掘较多，总数不少于130枚，标本60枚以上[36]。这里的石纺轮在尺寸上的变化范围较大。直径为3.8~7.2cm，主要集中在4~6cm；厚度为0.6~2.8cm，主要集中在0.8~1.8cm；孔径为0.4~1.3cm，集中于0.6~1cm[36]。

表2-10 大汶口文化纺轮参数统计

（a）陶纺轮

材质	数量/个	形状	直径/cm	厚度/cm	孔径/cm
泥质红陶	4	圆饼形	3.5	1.0	0.5
泥质红陶	1	—	7.0	3.0	1.0
泥质褐陶	2	圆饼形	6.1	1.5	1.5
泥质红陶	1	—	7.3	1.7	1.0
泥质红陶	2	圆饼形	2.9	1.8	0.2
泥质红褐陶	2	圆饼形	5.2	1.6	0.8
泥质褐陶	1	圆饼形	4.5	0.9	—
泥质灰陶	1	圆饼形	5.0	1.5	—
泥质白陶	1	圆饼形	4.8	0.7	0.6
夹砂红陶	1	馒头形	2.8	1.6	0.3
骨	1	馒头形	4.1	0.4	0.8
泥质灰褐陶	26	圆饼形	5.2	1.4	0.5
泥质褐陶	1	圆饼形	4.9	0.9	0.5
泥质红褐陶	1	圆饼形	5.3	1.4	0.6
泥质褐陶	1	圆饼形	4.1	0.9	0.5
泥质褐陶	1	圆饼形	5.6	0.7	0.7
泥质红陶	1	圆饼形	3.6	1.1	0.8
泥质灰黑陶	1	圆饼形	3.7	0.9	—
泥质红陶	1	圆饼形	4.5	0.4	—
泥质灰陶	1	圆饼形	4.5	1.1	—
泥质褐陶	1	圆饼形	4.1	1.0	—
泥质褐陶	1	馒头形	5.5	1.4	0.3
泥质灰陶	1	馒头形	3.4	1.2	0.5

续表

材质	数量/个	形状	直径/cm	厚度/cm	孔径/cm
泥质黑陶	1	馒头形	4.3	1.2	0.3
黑陶	1	算珠形	4.6	2.4	0.6
细砂红陶	1	圆饼形	5.4	1.5	0.7
夹云母红陶	67	圆饼形	4.8	0.8	—
夹滑石红陶	1	圆饼形	3.2	0.5	—
夹蚌灰褐陶	1	圆台形	4.3	1.8	—
夹云母灰褐陶	1	圆台形	4.5	0.9	—
夹蚌红褐陶	1	圆饼形	2.8	2.8	—
夹砂红褐陶	1	圆饼形	4.2	4.9	—
夹云母灰褐陶	11	算珠形	2.2	1.8	—
夹砂红陶	1	圆饼形	6.6	2.3	—
泥质灰陶	1	圆饼形	16.0	6.5	4.5
—	1	圆饼形	4.5	1	0.4
—	7	圆饼形	6.5	1.7	0.6
—	1	圆台形	5.1	1.6	0.6
—	4	算珠形	3.0	1.9	0.6
—	1	圆饼形	4.6	0.7	0.4
—	1	圆饼形	5.7	1.8	0.8
夹砂红陶	5	圆饼形	5.5	—	—
夹砂红陶	1	圆饼形	3.0	—	—
—	1	圆饼形	3.5	0.5	0.5
泥质灰陶	1	圆饼形	5.0	2.3	0.8
夹砂红陶	1	圆饼形	6.0	1.0	0.6
夹粗砂红陶	1	圆饼形	4.8	1.6	0.6
夹砂红褐陶	1	圆饼形	4.0	0.7	—
夹砂红陶	1	圆饼形	3.8	0.7	—
泥质红陶	1	圆饼形	3.2	2.0	—
夹砂红陶	1	圆饼形	4.8	1.3	0.5
夹砂红陶	3	圆饼形	4.8	—	—
夹砂灰黑陶	1	圆饼形	8.6	—	—
夹砂红陶	6	圆饼形	5.2	—	—
泥质灰陶	1	圆饼形	5.6	—	—

续表

材质	数量/个	形状	直径/cm	厚度/cm	孔径/cm
夹砂褐陶	1	圆饼形	5.0	3.0	0.3
泥质灰陶	6	圆饼形	4.6	1.0	0.4
泥质红褐陶	1	圆饼形	4.3	1.2	0.4
泥质黑灰陶	1	圆饼形	4.0	1.4	0.7
泥质红陶	10	圆饼形	4.6	1.0	0.6
泥质灰褐陶	1	圆饼形	4.6	1.2	0.7
泥质红褐陶	1	圆饼形	10.8	2.0	1.6
夹砂深灰陶	1	馒头形	5.6~6.0	0.8	0.8
夹细砂红陶	1	馒头形	4.5~5.2	1.2	0.6
泥质灰褐陶	1	馒头形	4.8	1.4	0.5
泥质红陶	3	馒头形	10.5	2.1	0.8
夹砂灰陶	2	馒头形	4.6	1.3	0.8
泥质红陶	2	圆饼形	4.4	2.0	0.6
泥质红褐陶	1	圆饼形	1.2~5.0	1.5	0.7
夹砂红褐陶	1	圆台形	—	1.9	0.6
夹砂红陶	1	圆饼形	4.8	1.1	0.5
夹砂灰褐陶	1	圆饼形	5.1	1.3	0.5
夹砂红陶	1	圆饼形	5.3	1.0	0.4
夹砂橙红陶	1	圆饼形	5.4	1.2	0.6
—	1	圆饼形	5.7	1.0	0.5
夹砂红褐陶	1	圆饼形	4.8	—	—
夹砂红褐陶	1	圆饼形	5.1	1.5	1.0
夹砂红褐陶	4	—	—	1.2	—
夹砂红陶	1	馒头形	2.8	1.6	0.3
泥质褐陶	1	圆饼形	5.7	2.2	1.0~1.2
泥质红褐陶	6	圆饼形	3.8	0.7	0.5
泥质红陶	1	圆饼形	4.5	0.8	0.6
夹砂红陶	4	圆饼形	3.9	0.8	0.4
夹砂灰陶	1	圆饼形	5.9	1.1	0.7
泥质红褐陶	1	圆饼形	3.9	1.7	0.4
泥质黑陶	5	馒头形	4.4~5.1	1.2	0.8
泥质灰褐陶	1	馒头形	4.3~5.0	1.1	0.3

续表

材质	数量/个	形状	直径/cm	厚度/cm	孔径/cm
泥质灰黑陶	1	馒头形	3.8~4.4	1.4	0.5
泥质黑陶	1	馒头形	4~4.5	1.3	0.6
夹砂红褐陶	3	馒头形	4.2~4.8	1.3	0.6
泥质灰褐陶	1	馒头形	2.1~3.7	1.4	0.3
泥质灰陶	4	圆饼形	7.5	1.4	1.0
泥质红陶	1	圆饼形	4.0	1.5	0.5
泥质黑褐陶	2	馒头形	5.1	1.8	0.6
泥质灰陶	1	馒头形	4.6	0.9	0.5
泥质灰陶	1	算珠形	3.8	2.2	0.5
夹砂红陶	1	圆饼形	5.2	1.6	0.9
泥质红褐陶	1	圆饼形	4.6	1.5	0.4
夹砂红褐陶	8	圆饼形	5.4	1.4	0.5
夹砂灰黑陶	1	圆饼形	8.5	1.8~2.0	1.0
夹砂灰陶	1	圆饼形	4.2	1.2	0.6
夹砂红褐陶	1	馒头形	3.4~5.1	1.5	0.6
泥质红褐陶	1	馒头形	4.4~5.2	1.8	0.6

（b）石纺轮

材质	数量/个	形状	直径/cm	厚度/cm	孔径/cm
—	1	—	7.2	1.2	1.0
—	1	圆饼形	7.2	1.6	—
—	1	圆饼形	4.5	1.0	—
大理岩	3	圆饼形	4.8	—	—
滑石片岩	1	圆饼形	4.6	1.3	—
千枚岩	1	圆台形	4.3	2.4	—
千枚岩	2	圆饼形	6.6	—	—
泥质灰岩	1	圆饼形	6.6	0.6	—
—	1	圆饼形	3.9	1.7	0.7
砂石	1	圆饼形	5.5	1.7	1.0
—	1	圆饼形	5.2	1.2	1.2
灰黄色砂岩	1	圆饼形	4.9	0.8	0.7
—	1	圆饼形	6.8	—	—

续表

材质	数量/个	形状	直径/cm	厚度/cm	孔径/cm
—	1	圆饼形	5.6	1.6	0.8
—	1	圆饼形	5.5	1.4	—
—	1	圆饼形	5.0	—	—
—	1	圆饼形	5.5	1.4	—
—	1	圆饼形	4.7	1.4	—
—	1	圆饼形	5.0	1.0	—
青绿色石灰岩	2	馒头形	4.5	0.8	0.5~0.7
云母粗岩沙	1	馒头形	5.5	—	—
泥沙岩	1	馒头形	4.3	1.0	1.0~1.6
—	1	馒头形	—	—	—
大理岩	1	馒头形	4.7~5.2	0.6	0.6~0.9
青绿色石灰岩	1	圆饼形	4.6	0.8	1.0
—	1	圆饼形	—	—	—
—	1	馒头形	5.0	1.5	—
—	1	馒头形	3.7~4.0	1.0	1.0
—	—	圆饼形	4.0	1.0	0.9
—	1	馒头形	4.5~4.8	1.0	0.4
灰绿色中细粒砂岩	1	圆饼形	5.0	0.9	0.7
—	3	圆饼形	5.6	1.3	0.9
—	8	圆饼形	5.6	2.8	0.8
—	1	圆饼形	5.6	2.8	0.8
细粒石英砂岩	3	馒头形	4.4	0.6~0.8	0.6
蛇纹岩	1	馒头形	3.8	0.5	0.5
硅质石英砂岩	1	圆饼形	6.3	1.3	0.8
黑云变粒岩	1	馒头形	5.3~5.6	0.9	0.7~1.0
云煌岩	6	圆饼形	6.2	1.2	0.7
黄白色云煌岩	1	圆饼形	5.6	2.5	1.0
黄色云煌岩	1	圆饼形	4.4	0.8	0.6
—	4	圆饼形	4.3	1.1	0.7
—	1	圆饼形	5.4	1.0	0.7
—	1	圆饼形	5.7	1.3	0.6
—	1	—	7.2	2.0	1.0

续表

材质	数量/个	形状	直径/cm	厚度/cm	孔径/cm
石灰岩	2	圆饼形	6.1	1.7	—
—	1	圆饼形	5.8	1.6	—
—	17	圆饼形	6.1	1.8	—
—	1	圆饼形	6.4	2.4	—
—	3	圆饼形	4.8	1.1	—
—	4	圆饼形	5.5	1.8	—
—	1	圆饼形	6.4	2.3	—
片麻岩	1	圆饼形	5.8	1.6	—

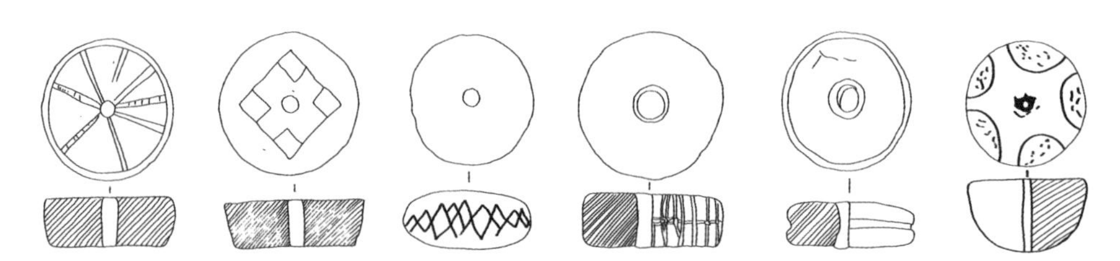

图2-17　大汶口遗址出土的纺轮截面示意图

三、新石器时代晚期偏晚阶段

（一）良渚文化

良渚文化分布的中心地区在钱塘江流域和太湖流域，距今4000~5300年[48]，中国文明的曙光是从良渚升起的[27]。该文化以泥质灰胎磨光黑皮陶最具特色，采用轮制，器形规则。良渚文化的前身是河姆渡文化[27]。

此阶段的纺轮材质有灰陶、红陶之分，器形有算珠形、对称圆锥体形之别。图2-18左图中的算珠形灰陶纺轮，高1.6cm，最大直径4.1cm，圆孔直径0.7cm，素面无纹饰，右图中的两枚纺轮为圆锥体灰陶纺轮，高分别为3.6cm和3cm，腰径分别为4.1cm和4.2cm，圆孔直径为0.5cm，上下孔贯通，每个圆锥体表面上留有多道轮制痕细弦纹。除了陶纺轮以外，良渚文化还有石纺轮和一枚做工精致的玉纺轮（图2-19[55]）。浙江余杭后头山遗址发掘了一处良渚文化墓地，从中出土了纺轮9件。该遗址出土的纺轮以泥质陶为主，少量夹砂陶，截面呈梯形。其中泥质黄陶纺轮1件，中部有一对钻圆孔，直径3.8cm、厚1.3cm；泥质黑陶纺轮2件，其中一件直径4cm、厚1.4cm，另外一件一面有绞索状刻划纹，直径6cm、厚1cm（图2-20[56, 57]）。浙江余杭上口山遗址出土了纺轮3件（图2-21），其中夹砂褐陶纺轮，一半偏黑，截面呈梯形，直径为3~4cm、厚1.6cm、孔径0.5cm；一件泥质灰陶纺轮，一面平，一面微鼓，斜穿孔，孔位不居中，直径为2.4~4.1cm、厚1.1cm、孔径0.6cm；另一件泥质灰陶纺轮，局部呈黑褐色、算珠形，一面略大鼓起、直径为3.4~3.8cm、厚1.5cm、孔径0.4cm（图2-21[58]）。

图2-18　良渚文化的纺轮1

良渚文化石纺轮

良渚文化陶纺轮

良渚文化玉纺轮

图2-19　良渚文化的纺轮2

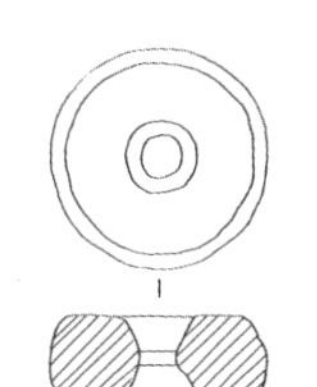
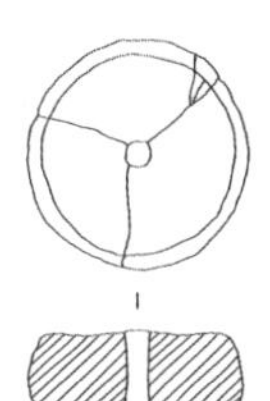

图2-20　后头山遗址出土的陶纺轮截面示意图

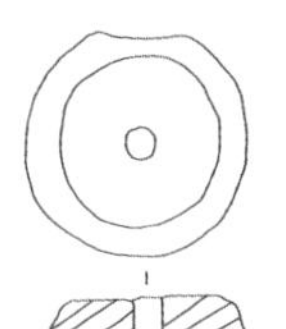
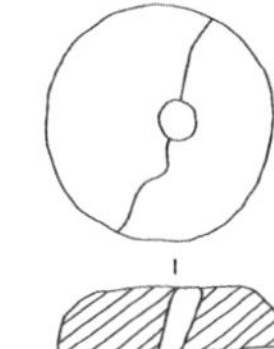
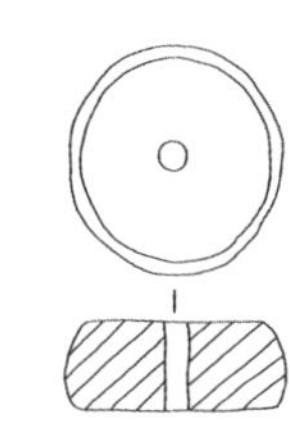

图2-21　浙江余杭上口山遗址出土的纺轮截面示意图

从良渚文化的纺轮参数统计来看，该阶段的纺轮非常精致，制作工艺有了质的提升。且纺轮的直径已经开始向中小型转化，如表2-11所示。虽然纺轮的形状多为圆台形，但是厚度多小于2cm。

表2-11　良渚文化的纺轮参数统计

材质	数量/个	形状	直径/cm	厚度/cm	孔径/cm
泥质黄陶	9	圆台形	3.8	1.3	—
泥质黑陶		圆台形	4.0	1.4	—
泥质黑陶		圆台形	6.0	1.0	—
夹砂褐陶，一半偏黑	1	圆台形	3.0~4.0	1.6	0.5
泥质灰陶	1	一面平，一面微鼓	2.4~4.1	1.1	0.6
泥质灰陶	—	算珠形，一面略大鼓起	3.4~3.8	1.5	0.4

（二）屈家岭文化

1955年中国社会科学院考古研究所在湖北省京山县发现了屈家岭遗址[5]，该遗址是一处以黑陶为主的文化遗存，屈家岭文化亦因此而得名。屈家岭文化所处年代距今4400~5300年，该文化分布极广，它北达河南南阳地区，东抵鄂东，南逾长江而至湘北，西部大致在三峡东部一带[59]。屈家岭文化分布的中心地区，大体在汉水下游一带，即江汉平原[59]。

该文化阶段的纺轮发掘数量较其他文化明显增多。仅在京山朱家嘴新石器遗址就发掘169件[60]（图2–22），其中黑陶最多，多磨光，表面发亮，极为精致；灰陶次之；红陶最少，只8件，均扁平，中穿一圆孔，上下两面均光平，大小、厚薄不一，最大的直径6cm、厚1.6cm、孔径0.6cm，最小的直径1.9cm、厚0.3cm、孔径0.5cm，一般的直径4.5cm、厚1.1cm、孔径0.5cm[60]。另外，在湖北宜城曹家楼遗址发掘陶纺轮57件，以泥质红陶为主，灰陶极少[61]。湖北天门石家河肖家屋脊遗址发掘纺轮56件[19]，直径多为3~4.5cm；石家河罗家柏岭遗址发掘纺轮34件[62]，江汉平原其他地区也统计出70多件纺轮。屈家岭文化的部分纺轮参数统计，如表2–12所示。

图2–22　屈家岭文化的纺轮截面示意图

表2–12　屈家岭文化的纺轮参数统计

材质	数量/个	形状	直径/cm	厚度/cm	孔径/cm
泥质褐陶	1	圆饼形	3.8	0.4	—
灰褐陶	1	圆饼形	4.0	0.8~1.0	—
泥质橙黄陶	1	圆饼形	4.2	0.9	—
褐陶	1	圆饼形	3.8	0.9	—
橙黄陶	1	圆饼形	4.0	0.6	—
黑陶	1	圆饼形	3.1	0.8	—
夹砂灰陶	1	圆饼形	3.8	0.8	—

续表

材质	数量/个	形状	直径/cm	厚度/cm	孔径/cm
泥质褐陶	1	圆饼形	4.0	0.8	—
褐陶	1	圆饼形	4.3	0.8	—
泥质褐陶黑胎	1	馒头形	3.3	1.2	—
褐胎黑陶	1	馒头形	4.2	0.1	—
红陶	1	圆饼形	4.2	0.7	0.3
红陶	1	圆饼形	3.8	0.7	0.3
陶，半红半灰	1	圆饼形	4.0	0.9	0.3
红陶	1	圆饼形	3.2	1.0	0.3
红陶	1	圆饼形	3.6	0.7	0.3
红陶	1	圆饼形	3.7	0.5	0.3
橙黄陶	1	圆饼形	3.3	0.4	0.3
红陶	1	圆饼形	4.0	0.4	0.4
红陶	1	圆饼形	3.7	0.9	0.3
橙黄陶	1	圆饼形	3.7	0.4~0.5	0.3
橙黄陶	1	圆饼形	3.8	0.5~0.6	0.3
橙黄陶	1	圆饼形	3.3	0.5~0.7	0.3
—	1	圆饼形	4.2	0.7	0.3
泥质红陶	1	圆饼形	4.0	0.2	—
泥质红陶	1	圆饼形	5.0	0.7	—
泥质红陶	1	圆饼形	2.4	0.7	—
泥质灰陶	1	圆饼形	3.0	1.4	—
泥质灰陶	1	馒头形	3.8	—	—
细泥黑陶	1	圆饼形	3.6	2.5	—
细泥棕黑陶	1	圆饼形	3.0	1.4	—
细泥黑陶	1	圆饼形	3.1	1.6	—
泥质黑陶	1	圆饼形	4.2	—	—
泥质红陶	1	圆饼形	4.0	—	—
泥质黑陶	1	圆饼形	3.0	—	—
红陶	1	圆饼形	5.2	1.6	—
泥质灰红陶	5	圆饼形	3.7	0.4~0.6	0.4
泥质橙黄陶	1	圆饼形	3.6	1.2	—
泥质黑陶	1	圆饼形	5.0	0.9	—

续表

材质	数量/个	形状	直径/cm	厚度/cm	孔径/cm
泥质橙黄陶	1	圆饼形	3.7	0.5	—
泥质橙黄陶	1	圆饼形	2.8	0.6	—
黑陶	34	圆饼形	6.0	1.6	0.6
灰陶	30				
红陶	4				
黑陶	51	圆饼形	2.9	0.3	0.5
灰陶	25				
红陶	3				
黑陶	10	圆饼形	4.5	1.1	0.5
灰陶	1				
泥质灰陶	1	圆饼形	5.6	0.8	0.8
泥质黄陶	1	圆饼形	5.6	1.0	0.4
泥质灰陶	1	圆饼形	4.5	1.2	0.4
泥质灰陶	1	圆饼形	7.8	0.8	1.2
泥质灰陶	1	圆饼形	5.2	0.6	0.4
泥质黑陶	1	圆饼形	4.5	1.4	—
泥质红陶	1	圆饼形	3.8	—	—
泥质红陶	1	圆饼形	2.7	—	—
泥质红陶	1	圆台形	3.5	—	—
泥质灰陶	1	圆饼形	4.2	—	—
泥质褐陶	1	圆饼形	3.2~3.6	1.2	—
泥质黑陶	1	圆台形	3.1~3.5	1.5	—
泥质红陶	1	圆饼形	3.6	0.9	—
泥质黑陶	1	圆台形	2.8	0.8	—
橙黄陶	1	圆饼形	3.9	0.6	0.4
灰陶	4	圆饼形	5.5	0.5	—
灰陶	3	圆饼形	4.0	2.5	—
红陶	2	圆饼形	3.2	0.2	—
深黄陶	7	圆饼形	4.0	0.4	—
—	1	圆饼形	3.0~3.5	0.4~0.5	—
泥质红陶，局部黑色	1	圆饼形	4.8	2.0	0.4
泥质黑陶	1	圆饼形	4.4	1.0	0.4

续表

材质	数量/个	形状	直径/cm	厚度/cm	孔径/cm
泥质黄陶	1	圆饼形	3.6	0.6	0.3
泥质灰陶	1	圆饼形	4.4	—	—
泥质灰陶	1	圆饼形	4.4	—	—
—	1	圆饼形	4.2	0.9	—
泥质灰陶	1	圆饼形	5.0	0.8	—
泥质灰褐陶	8	算珠形	5.0	1.1	0.5
泥质红褐陶		算珠形	4.4	0.4	0.3
泥质灰黑陶		算珠形	3.5	0.6	0.2
泥质红褐陶	5	圆饼形	4.4	0.4	0.3
泥质橙黄陶		圆饼形	4.4	0.4	0.3
泥质褐陶		圆饼形	4.3	0.4	0.4
泥质红黄陶	6	圆饼形	6.0	—	—
泥质灰陶		圆饼形	4.0	—	—
泥质灰陶		圆饼形	4.2	—	—
泥质灰黄陶		圆饼形	3.9	—	—
泥质黑陶	12	圆饼形	5.2	—	—
夹砂黄陶		圆饼形	4.2	—	—
夹砂红褐陶		圆饼形	5.2	—	—
夹砂黄陶		圆饼形	5.0	—	—
夹砂黄陶		算珠形	4.4	—	—
夹砂褐陶		算珠形	4.5	—	—
泥质褐陶	2	算珠形	4.4	—	—
泥质黄陶		算珠形	3.5	—	—
—	1	圆饼形	5.8	1.7	—
泥质红黄陶	1	圆饼形	3.2	0.4	—
泥质红陶	1	圆饼形	4.1	0.6	—
泥质红陶	57	圆饼形	4.0	0.2	—
泥质红陶		圆饼形	5.0	0.7	—
泥质红陶		圆饼形	2.4	0.7	—
泥质灰陶		圆饼形	3.0	1.4	—
泥质灰陶		馒头形	3.8	—	—

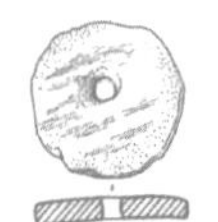

屈家岭文化的陶器多为手制，但快轮制陶已经普及，器表光洁。陶多以泥制为主，夹砂陶较少，陶色以灰、黑为主，另有少量红、黄陶和橘黄色陶。屈家岭文化的彩陶纺轮，均为火候较高的黄色陶质。一般先在两面涂抹橙色陶衣，再在单面绘饰以褐色（或红色）的旋涡纹、弧线纹或直线纹[62-64]。纺轮的形状多为圆饼形，直径以中小型居多，多为3~4.9cm。屈家岭文化的纺轮适合纺经过加工处理的植物纤维，且成纱较细[5]。

（三）石家河文化

石家河文化是在屈家岭文化的基础上发展起来的，相当于中原龙山文化的晚期阶段至夏代的前期，因湖北天门石家河遗址更具这种文化的代表性，故考古界统称为石家河文化，距今4000~4600年[65]。

出土石家河文化阶段的纺轮最多的为天门肖家屋脊遗址。该遗址出土了纺轮500多件，均为细泥圆饼形。谭家岭遗址也出土了该文化阶段的纺轮140多件，形状多样（图2-23[66]、图2-24）。据张云鹏等在《湖北京山、天门考古发掘简报》中统计，该文化阶段的纺轮一般直径长2~3cm，厚0.5cm左右。详细石家河文化纺轮参数统计，如表2-13[65]所示。

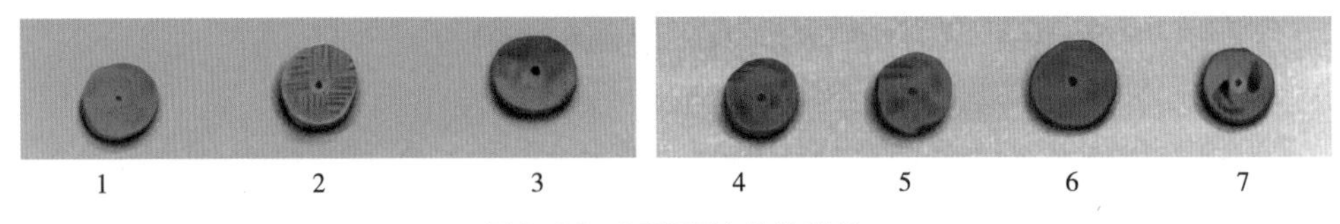

图2-23 石家河文化的纺轮

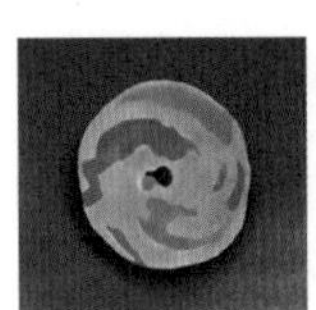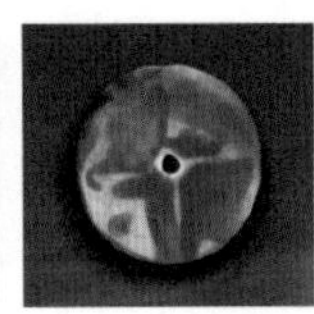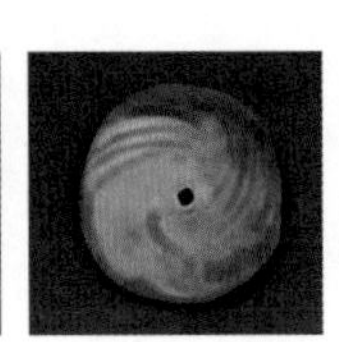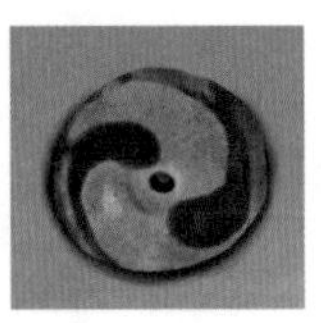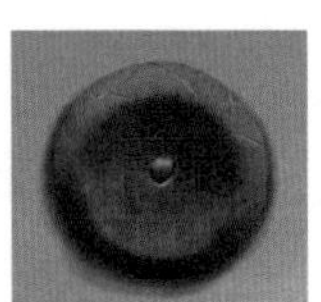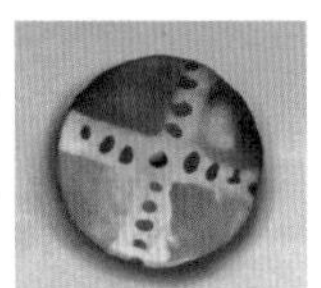

图2-24 石家河文化的纺轮（荆州博物馆）

表2-13 石家河文化纺轮参数统计

材质	数量/个	形状	直径/cm	厚度/cm	孔径/cm
夹细砂灰红陶	1	圆饼形	2.8	1.0	—
夹细砂红陶	9	圆饼形	2.7	0.5	—
夹细砂灰红陶	1	圆饼形	2.8	1.0	—
夹细砂红陶	9	圆饼形	2.7	0.5	—

续表

材质	数量/个	形状	直径/cm	厚度/cm	孔径/cm
红陶	1	圆饼形	3.7	0.8	0.4
红陶	1	圆饼形	3.7	0.8	0.4
褐陶	1	圆饼形	3.2	0.7	0.3
橙黄陶	1	圆饼形	3.7	0.6	0.4
灰陶	1	圆饼形	3.2	0.7	0.4
红陶	1	圆饼形	3.8	0.6	0.4
红陶	1	—	3.6	0.6	0.4
红陶	1	圆饼形	2.7	0.7	0.3
红陶	1	圆饼形	3.0	0.8	0.3
红陶	2	圆饼形	4.2	0.4	0.4
红陶	1	圆饼形	4.2	0.4	0.4
红陶	1	圆饼形	2.8	0.8	0.3
红陶	1	圆饼形	2.9	0.9	0.3
红陶	1	圆饼形	3.3	0.7	0.3
红陶	1	圆饼形	3.0	0.8	0.3
红陶	1	圆饼形	3.1	0.9	0.4
红陶	1	圆饼形	2.7	1.0	0.3
红陶	1	圆饼形	3.0	0.9	0.4
红陶	1	圆饼形	3.0	0.9	0.4
红陶	1	圆饼形	3.2	0.9	0.3
红陶	1	圆饼形	3.0	0.8	0.4
红陶	1	圆饼形	3.0	0.8	0.4
红陶	1	圆饼形	2.9	0.4	0.2
红陶	1	圆饼形	3.9	0.5	1.2~1.8
红陶	1	圆饼形	3.8	0.8	0.4
红陶	1	圆饼形	3.6	0.7	0.4
红陶	1	圆饼形	3.7	0.7	0.3
红陶	1	圆饼形	3.5	0.8	0.4
红陶	1	圆饼形	3.2	0.7	0.4
红陶	1	圆饼形	3.2	0.7	0.3
红陶	1	圆饼形	3.7	0.6	0.3
红陶	1	圆饼形	3.4	0.3	0.2

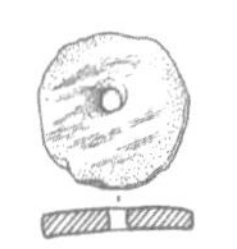

续表

材质	数量/个	形状	直径/cm	厚度/cm	孔径/cm
橙黄陶	1	馒头形	4.0	0.5	0.3
—	1	圆饼形	4.0	0.4~0.6	0.4
红陶	1	圆饼形	4.0	0.2~0.6	0.3
灰陶	1	圆饼形	2.8	0.1~0.6	0.3
灰陶	1	圆饼形	3.6	0.1~0.6	0.3
红陶	1	圆饼形	3.6	0.8	0.4
红陶	1	馒头形	3.6	0.8	0.4
泥质	1	圆饼形	—	—	—
红褐陶	1	圆饼形	3.2	9.0	—
黄褐陶	1	圆饼形	3.2	6.5	—
红褐陶	1	圆饼形	3.4	9.0	—
红褐陶	1	圆饼形	4.0	5.0	—
灰陶	1	圆饼形	4.0	6.0	—
泥质灰陶	1	圆饼形	3.8	0.7	—
—	1	圆台形	4.0	1.0	—
—	1	圆台形	3.6	1.0	—
—	1	—	3.7	0.7	—
—	1	—	3.5	1.0	—
—	1	—	4.0	2.1	—
泥质橙黄陶	1	圆饼形	3.2	0.3	—
泥质黑陶	1	圆饼形	3.2	0.4	—
泥质橙黄陶	1	圆饼形	3.2	0.5	—
泥质红陶	1	圆台形	4.2	0.5	—
—	1	圆台形	4.4	0.6	—
—	1	圆饼形	3.6	0.6	—
—	1	圆台形	2.7	0.9	—
—	1	算珠形	3.8	1.2	—
泥质红陶	1	圆饼形	4.0	—	—
泥质红陶	1	圆饼形	3.7	—	—
泥质红陶	1	圆饼形	5.0	1.5	—
泥质红陶	1	圆饼形	3.3	1.2	—
泥质灰陶	1	圆台形	2.2~3.4	0.9	—

续表

材质	数量/个	形状	直径/cm	厚度/cm	孔径/cm
泥质红陶	1	圆饼形	3.0~3.6	1.4	—
泥质橙黄陶	1	圆饼形	4.1	—	—
泥质灰陶	1	圆饼形	3.6	0.6	—
泥质灰陶	1	圆饼形	5.4	0.9	—
—	1	圆饼形	3.7	—	—
—	4	圆饼形	3.5	—	—
—		圆饼形	3.4	—	—
—	1	圆饼形	3.2	—	—
—	1	圆饼形	3.3	—	—
—	1	圆饼形	2.7	—	—
—	1	圆饼形	2.8	—	—
—	1	圆饼形	2.1	—	—
—	1	圆饼形	3.1	—	—
—	1	圆饼形	—	—	—
—	4	圆饼形	3.6	—	—
—	—	圆饼形	4.5	—	—
—	1	圆饼形	3.3	—	—
—	1	圆饼形	2.7	—	—
—	8	圆饼形	2.8	—	—
—		圆饼形	2.9	—	—
—	1	圆饼形	3.4	—	—
—	2	圆饼形	3.5	—	—
—	1	圆饼形	4.0	—	—
—	1	圆饼形	3.2	—	—
—	11	圆饼形	3.7	—	—
—	1	圆饼形	3.7	—	—
—	1	圆饼形	3.7	—	—
—	1	圆饼形	3.0	—	—
—	1	圆饼形	2.6	—	—
—	2	圆饼形	2.3	—	—
—	1	圆饼形	2.0	—	—
—	7	圆饼形	3.0	—	—
—		圆饼形	3.6	—	—

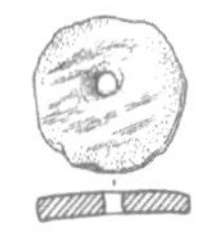

续表

材质	数量/个	形状	直径/cm	厚度/cm	孔径/cm
—	1	圆饼形	3.5	—	—
—	1	圆饼形	3.2	—	—
—	1	圆饼形	2.8	—	—
—	1	圆饼形	2.4	—	—
—	1	圆饼形	3.3	—	—
—	2	圆饼形	2.5	—	—
—	2	圆饼形	2.6	—	—
—	19	圆饼形	5.0	1.0	—
—		圆饼形	4.2	0.9	—
—		圆饼形	3.4	0.5	—
—		圆饼形	3.0	1.0	—
—	13	圆饼形	5.0	1.1	—
—		圆饼形	4.0	0.7	—
—	11	圆饼形	4.1	1.0	—
—		圆饼形	4.0	0.7	—
—	6	圆饼形	3.2	0.5	—
—	1	圆饼形	5.3	1.6	—
—	76	圆饼形	4.3	1.5	—
—		圆饼形	3.3	1.0	—
—		圆饼形	4.8	0.8	—
—		圆饼形	3.9	0.5	—
—		圆饼形	3.6	0.5	—
—		圆饼形	2.9	0.4	—
—		圆饼形	4.4	1.0	—
—		圆饼形	4.0	1.0	—
—		圆饼形	3.6	1.1	—
—	35	圆饼形	3.7	0.7	—
—		圆饼形	2.7	0.5	—
—		圆饼形	2.5	0.6	—
—	61	圆饼形	4.9	1.3	—
—		圆饼形	4.2	0.5	—
—		圆饼形	2.8	0.5	—

续表

材质	数量/个	形状	直径/cm	厚度/cm	孔径/cm
—	61	圆饼形	2.4	0.5	—
—		圆饼形	3.2	0.6	—
—		圆饼形	2.8	0.5	—
—		圆饼形	3.3	0.7	—
—		圆饼形	2.4	0.8	—
—		圆饼形	2.6	0.4	—
—	127	圆饼形	3.5	0.6	—
—		圆饼形	3.1	0.4	—
—		圆饼形	2.8	0.2	—
—	49	圆饼形	3.4	0.8	—
—		圆饼形	3.3	0.4	—
—		圆饼形	2.3	0.4	—
—		圆饼形	3.8	0.6	—
—		圆饼形	2.8	0.5	—
—	4	圆饼形	2.4	0.9	—
—		圆饼形	4.1	1.3	—
—	144	圆饼形	3.9	0.7	—
—		圆饼形	3.4	0.8	—
—		圆饼形	3.5	0.6	—
—		圆饼形	2.9	0.6	—
—	18	圆饼形	2.8	1.3	—
—	8	圆饼形	3.5	0.4	—
—		圆饼形	3.6	0.6	—
—		圆饼形	3.9	0.6	—
—		圆饼形	3.1	0.7	—
—		圆饼形	3.3	0.5	—
—	1	圆饼形	4.8	1.0	—
—	1	圆饼形	4.2	0.9	—
—	1	圆饼形	2.7	0.6	—
—	1	圆饼形	3.4	0.3	—
—	1	圆饼形	3.4	0.7	—
—	1	圆饼形	3.9	0.6	—

续表

材质	数量/个	形状	直径/cm	厚度/cm	孔径/cm
—	1	圆饼形	3.5	0.2	—
—	1	圆饼形	2.5	0.5	—
—	1	圆饼形	2.6	0.9	—
—	1	圆饼形	3.1	0.8	—
—	12	圆饼形	3.6	0.6	—
—		圆饼形	2.6	0.5	—
—		圆饼形	3.7	0.4	—
—		圆饼形	2.8	0.3	—
—	8	圆饼形	3.1	0.6	—
—		圆饼形	4.4	1.4	—
—		圆饼形	4.0	0.6	—
—	13	圆饼形	2.6	0.6	—
—		圆饼形	3.5	0.8	—
—		圆饼形	4.0	0.6	—
—		圆饼形	3.3	0.5	—
—	1	圆饼形	7.0	1.1	—
—	1	圆饼形	3.6	0.3	—
—	1	圆饼形	3.5	1.0	—
—	1	圆饼形	2.7	0.5	—
—	1	圆饼形	3.4	0.4	—
—	1	圆饼形	4.9	1.5	—
—	1	圆饼形	5.4	1.4	—
—	1	圆饼形	4.6	1.1	—
—	1	圆饼形	4.9	1.3	—
—	1	圆饼形	4.3	1.0	—
—	1	圆饼形	3.6	1.2	—
—	1	圆饼形	4.9	1.2	—
—	1	圆饼形	5.1	1.2	—
—	1	圆饼形	5.4	1.4	—
—	1	圆饼形	5.2	1.5	—
—	1	圆饼形	5.3	1.5	—
—	1	圆饼形	5.4	1.4	—

续表

材质	数量/个	形状	直径/cm	厚度/cm	孔径/cm
—	1	圆饼形	5.0	1.7	—
—	1	圆饼形	5.2	1.5	—
—	1	圆饼形	5.4	1.5~2.0	—
—	1	圆饼形	5.0	1.1	—
—	1	圆饼形	5.0	1.3	—
—	1	圆饼形	5.0	1.8	—
—	1	圆饼形	5.3	1.2	—
—	1	圆饼形	5.3	1.5	—
—	1	圆饼形	5.2	1.3	—
—	1	圆饼形	5.0	1.4	—
—	1	圆饼形	5.1	1.4	—
—	1	圆饼形	5.4	1.3	—
—	1	圆饼形	5.0	1.2	—
—	1	圆饼形	5.0	1.2	—
—	1	圆饼形	5.2	1.5	—
—	1	圆饼形	5.0	1.4	—
—	1	圆饼形	5.1	1.4	—
—	1	圆饼形	5.0	1.4	—
—	1	圆饼形	5.3	1.1	—
—	1	圆饼形	5.6	1.4	—
—	1	圆饼形	5.2	1.0	—
—	1	圆饼形	5.1	1.2	—
—	1	圆饼形	4.0	1.1	—
—	1	圆饼形	4.0	1.4	—
—	1	圆饼形	4.7	1.6	—
—	1	圆饼形	4.1	1.4	—
—	1	圆饼形	4.9	1.6	—
—	1	圆饼形	4.9	1.0	—
—	1	圆饼形	4.6	1.6	—
—	1	圆饼形	4.6	1.3	—
—	1	圆饼形	4.0	1.4	—
—	1	圆饼形	4.6	1.2	—

续表

材质	数量/个	形状	直径/cm	厚度/cm	孔径/cm
—	1	圆饼形	4.6	1.3	—
—	1	圆饼形	4.7	1.3	—
—	1	圆饼形	4.0	1.0	—
—	1	圆饼形	4.7	1.5	—
—	1	圆饼形	4.9	1.3	—
—	1	圆饼形	4.8	1.4	—
—	1	圆饼形	4.8	1.1	—
—	1	圆饼形	4.7	0.9	—
—	1	圆饼形	4.2	2.2	—
—	1	圆饼形	4.2	1.5	—
—	1	圆饼形	4.7	0.9	—
—	1	圆饼形	4.2	2.2	—
—	1	圆饼形	4.2	1.5	—
—	1	圆饼形	4.4	2.1	—
—	1	圆饼形	4.8	1.1	—
—	1	圆饼形	4.9	1.2	—
—	1	圆饼形	4.8	1.1	—
—	1	圆饼形	4.5	1.2	—
—	1	圆饼形	4.7	1.5	—
—	1	圆饼形	4.9	1.6	—
—	1	圆饼形	3.6	0.8	—
—	1	圆饼形	3.6	0.8	—
—	1	圆饼形	3.7	1.0	—
—	1	圆饼形	3.9	1.0	—
—	1	圆饼形	3.7	1.6	—
—	1	圆饼形	3.2	0.9	—
—	1	圆饼形	3.5	0.9	—
—	1	圆饼形	3.6	1.1	—
—	1	圆饼形	3.6	1.0	—
—	1	圆饼形	3.2	0.4	—
—	1	圆饼形	3.6	1.2	—
—	1	圆饼形	3.8	1.4	—

续表

材质	数量/个	形状	直径/cm	厚度/cm	孔径/cm
—	1	圆饼形	3.8	0.8	—
—	1	圆饼形	4.0	0.8	—
—	1	圆饼形	3.9	0.6	—
—	1	圆饼形	3.5	0.6	—
—	1	圆饼形	3.7	0.4	—
—	1	圆饼形	3.5	0.8	—
—	1	圆饼形	3.8	0.5	—
—	1	圆饼形	2.9	1.1	—
—	1	圆饼形	3.4	0.8	—
—	1	圆饼形	3.5	0.6	—
—	1	圆饼形	3.8	0.8	—
—	1	圆饼形	3.4	0.7	—
—	1	圆饼形	3.7	0.5	—
—	1	圆饼形	3.6	0.8	—
—	1	圆饼形	5.3	1.2	—
—	1	圆饼形	5.0	1.2	—
—	1	圆饼形	5.0	1.3	—
—	1	圆饼形	5.0	1.2	—
—	1	圆饼形	5.1	1.4	—
—	1	圆饼形	5.4	1.5	—
—	1	圆饼形	5.2	1.2	—
—	1	圆饼形	5.6	1.2	—
—	1	圆饼形	5.3	1.5	—
—	1	圆饼形	5.0	1.0	—
—	1	圆饼形	4.5	0.6	—
—	1	圆饼形	4.5	1.3	—
—	1	圆饼形	4.0	1.0	—
—	1	圆饼形	4.5	1.0	—
—	1	圆饼形	4.9	0.9	—
—	1	圆饼形	4.8	1.0	—
—	1	圆饼形	4.7	1.2	—
—	1	圆饼形	4.0	1.0	—

续表

材质	数量/个	形状	直径/cm	厚度/cm	孔径/cm
—	1	圆饼形	4.9	1.4	—
—	1	圆饼形	4.2	1.0	—
—	1	圆饼形	4.5	1.5	—
—	1	圆饼形	4.7	1.5	—
—	1	圆饼形	4.8	1.6	—
—	1	圆饼形	4.8	1.0	—
—	1	圆饼形	4.9	1.1	—
—	1	圆饼形	4.3	0.7	—
—	1	圆饼形	4.4	1.1	—
—	1	圆饼形	3.8	0.8	—
—	1	圆饼形	3.2	0.4	—
—	1	圆饼形	3.6	1.0	—
—	1	圆饼形	3.2	0.7	—
—	1	圆饼形	3.8	1.2	—
—	1	圆饼形	3.9	0.6	—
—	1	圆饼形	3.4	0.6	—
—	1	圆饼形	3.9	0.7	—
—	1	圆饼形	3.9	1.1	—
—	1	圆饼形	3.8	0.8	—
—	1	圆饼形	3.6	0.7	—
—	1	圆饼形	3.4	0.6	—
—	1	圆饼形	4.2	0.8	—
—	1	圆饼形	3.2	0.4	—
—	1	圆饼形	3.9	0.3	—
—	1	圆饼形	2.9	0.3~0.4	—
—	1	圆饼形	3.4	0.7	—
—	1	圆饼形	2.8	0.3	—
—	1	圆饼形	2.5	0.6	—
—	1	圆饼形	3.0	0.4~0.5	—
—	1	圆饼形	3.7	0.5	—
—	1	圆饼形	3.8	0.6	—
—	1	圆饼形	3.3	1.2	—

续表

材质	数量/个	形状	直径/cm	厚度/cm	孔径/cm
—	1	圆饼形	4.2	0.5	—
—	1	圆饼形	3.2	0.5~0.7	—
—	1	圆饼形	2.8	0.5~0.8	—
—	1	圆饼形	3.4	0.9	—
—	1	圆饼形	4.5	0.6	—
—	1	圆饼形	3.1	0.4~0.9	—
—	1	圆饼形	2.1	0.5	—
—	1	圆饼形	3.4	1.0	—
—	1	圆饼形	2.8	1.0	—
—	1	圆饼形	3.0	0.8	—
—	1	圆饼形	3.7	0.5	—
—	1	圆饼形	3.4	1.0	—
—	1	圆饼形	3.6	0.4~0.8	—
—	1	圆饼形	4.3	0.3	—
—	1	圆饼形	3.0	0.7	—

（四）龙山文化

龙山文化泛指中国黄河中、下游地区约新石器时代晚期的一类文化遗存，因首次发现于山东省济南市历城县龙山镇（今属章丘）而得名。经放射性碳元素断代并校正，龙山文化距今4000～4500年[67]。龙山文化源自大汶口文化，为汉族先民创造的远古文明。

该文化阶段发现的纺轮总数在420枚以上，标本约260枚[36]（图2–25）。这些纺轮以泥质为主，石质次之，少量陶片打制。烧制成陶质的总数多于384枚，标本多于135枚，石质纺轮总数不少于44枚[36]。龙山文化部分纺轮参数统计，如表2–14[36]所示。

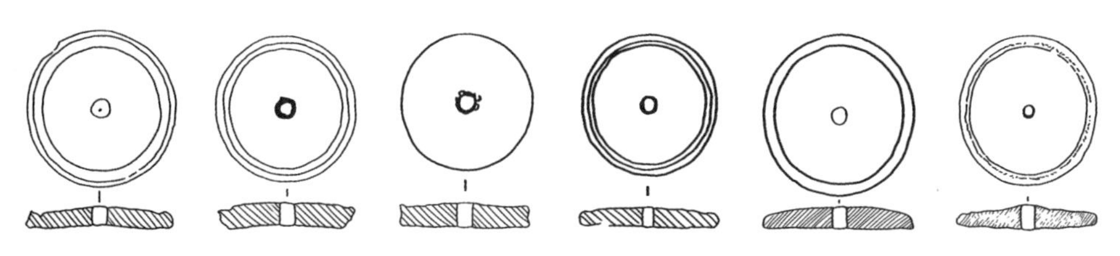

图2–25　龙山文化的纺轮截面示意图

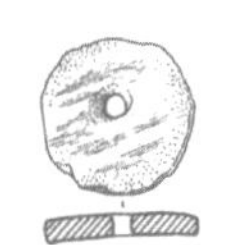

表2-14 龙山文化纺轮参数统计

（a）陶纺轮

材质	数量/个	形状	直径/cm	厚度/cm	孔径/cm
夹砂红褐陶	1	—	4.8	0.8	0.6
泥质红陶	3	—	5.5	1.0	0.4
泥质灰陶	2	—	6.0	1.0	0.5
泥质	6	馒头形	6.4	0.8	0.6
黑陶					
泥质褐陶	1	圆饼形	5.5	1.6	—
泥质黑陶	1	—	6.0	0.6	—
夹砂褐陶	1	—	4.8	1.7	—
泥质褐陶	1	圆饼形	3.0	—	—
泥质褐陶	1	圆台形	4.2	0.8	0.6
泥质灰陶	1	圆饼形	—	—	—
泥质黑陶	1	馒头形	4.8	0.6	0.3
夹砂灰褐陶	1	馒头形	4.3	0.5	0.3
泥质黑陶	1	馒头形	5.7	0.6	0.2
泥质黑陶	1	馒头形	5.5	0.6	0.2
泥质黑陶	1	馒头形	5.9	0.6	0.2
夹细砂黑陶	1	圆饼形	5.7	0.6	0.4
泥质褐陶	1	圆饼形	4.8	1.6	0.8
泥质红陶	1	—	9.6	1.6	1.0
泥质黑陶	1	馒头形	12	2.5	2.0
泥质黑陶	1	馒头形	6.4	0.5	0.3
泥质黑陶	1	—	4.2	1.2	0.3
—	4	圆饼形	3.7	—	—
—	1	圆饼形	4.4	1.2	0.4
—	1	圆台形	5.0	—	—
泥质黑陶	1	馒头形	6.9	1.0	0.5
泥质	1	圆饼形	4.8	3.0	0.3
泥质黑陶	1	馒头形	5.1	0.8	0.4
泥质黑陶	1	馒头形	5.9	0.6	0.6
泥质红陶	1	圆饼形	7.7	0.7	1.1

续表

材质	数量/个	形状	直径/cm	厚度/cm	孔径/cm
泥质黑陶	2	馒头形	5.0	0.8	0.5
	1	圆饼形	5.2	1.2	0.4
泥质黑陶	1	馒头形	4.8	0.8	0.4
泥质黑陶	1	馒头形	6.4	0.8	0.6
泥质灰陶	1	圆饼形	8.0	1.6	1.1
泥质黑陶	1	圆饼形	7.2	1.5	0.7
夹砂白陶	1	馒头形	4.3	0.5	0.6
—	1	圆饼形	3.7	0.7	0.5
—	1	—	3.7~4.2	0.8	0.5
泥质灰陶	1	圆饼形	3.4	0.4	0.3
细砂褐陶	1	馒头形	5.4	0.7	0.4
细砂黑陶	1	馒头形	5.5	0.8	0.4
细砂黑陶	1	馒头形	5.1	0.7	0.4
细砂黑陶	1	馒头形	5.2	0.8	0.4
泥质黑陶	1	馒头形	9.6	1.6	1.6
细砂白陶	1	馒头形	5.5	1.1	—
泥质黑陶	1	馒头形	5.5	0.6	0.3
泥质灰褐陶	1	馒头形	4.8	0.5	0.4
泥质黑陶	1	馒头形	4.8	0.8	0.3
泥质黑陶	1	馒头形	4.8	0.7	0.6
泥质黑陶	1	馒头形	5.5	1.0	0.3
泥质黑陶	2	馒头形	—	—	—
泥质灰陶	1	馒头形	5.0	0.8	0.3
—	7	圆饼形	4.8	—	—
—	1	圆饼形	4.2	—	—
—	2	馒头形	4.6	—	—
—	6	馒头形	6.1	—	—
黑陶	7	馒头形	—	—	—
泥质黑陶	1	馒头形	6.4	1.1	0.5
泥质黑陶	1	馒头形	4.8	1.0	0.4
—	1	—	5.5	0.6	—
泥质灰陶	5	圆饼形	5.0	1.2	0.6

续表

材质	数量/个	形状	直径/cm	厚度/cm	孔径/cm
泥质灰陶	1	圆饼形	6.5	—	—
泥质黑陶	28	馒头形	7.2	1.2	0.8
泥质红陶	1	圆饼形	4.6	2.0	1.3
泥质黑陶	21	馒头形	5.2	0.7	0.5
—	10	圆饼形	6.0	1.2	0.6
—	7	圆台形	4.0~4.5	0.9	0.7
—	5	圆台形	5.0	1.4	0.7
细砂红陶	1	圆饼形	4.8	1.7	0.9
细砂红陶	1	圆饼形	4.5	1.0	0.6
—	1	馒头形	4.9	0.5	0.4
泥质灰陶	4	圆台形	—	—	—
泥质灰陶	1	圆饼形	5.0	1.7	0.7
夹砂灰陶	5	圆饼形	5.0	0.8	0.8
泥质黄褐陶	8	圆饼形	4.4	1.1	0.5
泥质黑陶	9	馒头形	5.7	0.7	0.5
泥质灰陶	2	馒头形	6.2	0.7	0.5
—	1	馒头形	4.8	—	—
—	1	圆饼形	5.4	—	—
—	1	圆饼形	7.0	—	—
—	1	圆饼形	5.4	—	—
—	1	圆饼形	5.6	—	—
泥质红褐陶	1	圆饼形	4.8	1.4	0.6
泥质灰陶	1	馒头形	4.9~4.2	1.8	0.5
泥质灰陶	1	圆饼形	4.0	0.8	0.4
泥质黑陶	2	圆饼形	5.9	1.2	0.6
夹砂褐陶	3	圆台形	5.5~4.8	1.2	0.6
泥质灰陶	1	圆饼形	3.7	1.5	0.8
夹砂黑陶	1	圆饼形	6.4	0.8	1.2
泥质黑陶	4	馒头形	7.0	0.9	0.7
泥质灰陶	1	馒头形	6.5	0.9	1.0
泥质白陶	1	馒头形	6.4	1.1	0.6
泥质灰陶	1	—	6.0	0.8	—

续表

材质	数量/个	形状	直径/cm	厚度/cm	孔径/cm
泥质褐陶	1	圆饼形	3.3	0.9	—
泥质黑陶	1	馒头形	6.5	—	—
泥质黑陶	1	馒头形	5.0	—	—
泥质灰陶	5	圆饼形	5.0	1.4	1.2
—	1	馒头形	5.6	0.8	0.5
—	1	圆饼形	4.5	1.0	0.3
泥质红褐陶	9	馒头形	5.5	0.8	0.4
泥质黑陶	1	馒头形	6.1	0.8	0.4
泥质黑陶	1	馒头形	6.4	1.0	0.6
泥质褐陶	2	圆饼形	3.4	0.6	0.4
夹砂红陶	1	圆饼形	4.1	1.8	0.8
夹细砂白陶	10	圆台形	3.4~4.1	1.7	0.6
夹细砂红褐陶	1	圆台形	4.5~5.2	1.2	0.6
夹砂黑陶	10	圆台形	3.4~3.9	1.2	0.6
泥质红褐陶	1	圆台形	5.5~5.9	1.0	0.6
夹细砂红陶	4	圆台形	3.6~4.2	1.2	0.5
—	2	圆饼形	5.1	1.0	1.0
泥质褐陶	6	馒头形	6.0	0.5	0.5
泥质黑陶	37	馒头形	5.8	0.7	0.5
泥质黑陶	25	馒头形	6.2	0.7	0.5
泥质黑陶	1	馒头形	5.0	0.5	0.4
泥质灰陶	25	馒头形	6.1	0.7	0.6
泥质黑陶	—	馒头形	4.8	0.8	0.3
泥质黑陶	5	圆台形	5.2~4.8	1.0	0.5
泥质黑陶	2	圆台形	6.0~4.8	0.8	0.5
泥质褐陶	1	圆饼形	6.2	1.0	0.7

（b）石纺轮

材质	数量/个	形状	直径/cm	厚度/cm	孔径/cm
砂岩	1	圆饼形	5.8	0.7	0.7
石灰岩	2	圆饼形	4.4	1.4	0.7
页岩，石灰岩	4	圆饼形	5.4	1.4	—

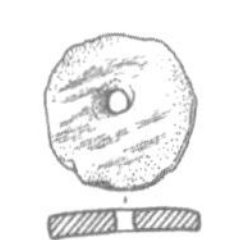

续表

材质	数量/个	形状	直径/cm	厚度/cm	孔径/cm
砂岩	5	圆饼形	3.6	0.8	—
—	1	圆饼形	5.4	1.2	0.9
红灰石	1	圆饼形	5.7	1.2	1.0
—	1	圆饼形	5.4	0.6	1.2
—	1	圆饼形	5.4	0.9	0.8
—	1	圆饼形	4.5	0.8	—
花岗岩	1	馒头形	8.0	1.3	1.2
—	3	圆饼形	5.5	—	—
—	1	圆饼形	5.9	0.6	0.5
—	1	圆饼形	5.0	0.9	—
—	4	圆饼形	6.4	0.8	—
—	9	圆饼形	5.9	0.7	0.6
细砂岩	1	圆饼形	5.8	1.2	0.7
—	1	—	5.2	1.1	0.6
—	3	圆饼形	6.0	0.8	0.9
—	—	馒头形	4.6	0.6	0.8

四、其他

（一）庙子沟文化

庙子沟遗址位于内蒙古自治区，年代距今5000~5800年[68]。从遗址推测这处原始村落的人们过的是以锄耕农业为主、渔猎经济为辅的原始生活。

庙子沟遗址出土纺轮103件，其中石质纺轮62件（庙子沟44件，大坝沟18件），陶纺轮41件（庙子沟16件，大坝沟25件）[24]。庙子沟文化的纺轮截面示意图如图2-26所示。该文化遗址内纺轮形制分布的密集区，如表2-15所示。该文化遗址内发掘的纺轮无论是石纺轮还是陶纺轮，形状均为圆饼形。

图2-26　庙子沟文化的纺轮截面示意图

表2-15　庙子沟文化纺轮形制分布的密集区

纺轮	密集区			
石纺轮	直径/cm	7.1~8.5	0.8~1.2	0.8~1.1
	所占比例/%	72	80	86
	形状	圆饼形		
陶纺轮	直径/cm	4.6~6.5	0.8~1.1	0.6~0.9
	所占比例/%	67.7	76	74
	形状	圆饼形		

（二）昙石山文化

昙石山文化遗址位于福建省闽侯县甘蔗镇昙石村，是中国东南地区最典型的新石器文化遗存之一，因福建闽侯昙石山遗址而得名，距今4000~5500年[69]。昙石山文化是福建古文化的摇篮和先秦闽族的发源地，它的出现将福建文明史由原来的3000年向远古大大推进了一步，昙石山文化时期是福建新石器时代文化的繁盛期[18]。

福建昙石山遗址经过多次发掘，出土了数量众多的纺轮，根据已发表的发掘报告统计，有307件[22]。这些纺轮形状多样（图2-27），大小变化不一，有的上面还有纹饰和彩绘。此阶段虽然也发现了大型纺轮，但是纺轮直径多集中在2.8~4.5cm，且在2.8~3.9cm的居多，即此阶段小型纺轮的比例明显高于其他纺轮。昙石山文化的纺轮参数统计，如表2-16[22]所示。

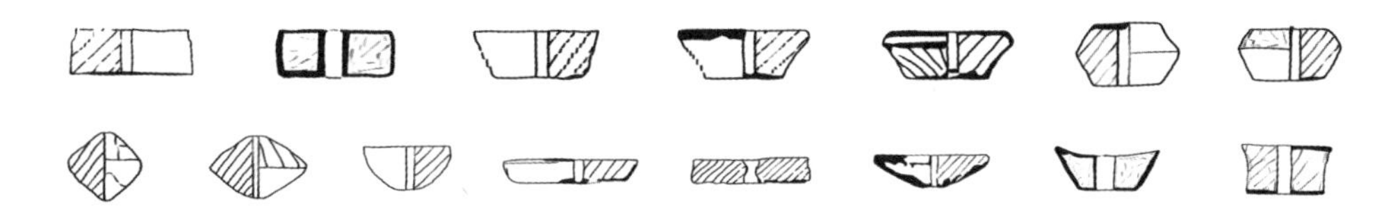

图2-27　昙石山文化的纺轮形状示意图

表2-16　昙石山文化的纺轮参数统计

时期	直径/cm	厚度/cm	孔径/cm
昙石山下层文化时期	4.5	3.0	0.5
	5.2	3.0	1.0
	3.7	1.4	0.6
	4.2	0.6	0.6
	6.2	4.0	0.6~1.0

续表

时期	直径/cm	厚度/cm	孔径/cm
昙石山文化时期	3.5	1.4	0.6
	2.9	1.2	0.5
	4.1	2.4	0.6
	3.8	1.6	0.8
	3	1.4	0.5
	2.9	1.1	0.3
	3.1	1.4	0.4
	3	1.7	0.5
	3.4	2.0	0.3
	3.6	1.4	0.5
	3.9	1.9	0.5
	3.9	1.9	0.4
	3.8	1.0	0.5
	3	1.8	0.4
	5.5	0.6	0.6
	4.4	0.6	0.8
黄瓜山文化时期	5.2	3.2	0.6
	3.8	3.4	0.3
	3.1	1.1	0.4
	3.9	1.6	0.6
	4.1	1.4	0.6
	4.2	1.0	0.3
	3.8	1.0	0.6
	4.2	0.6	0.5
	3.6	1.4	0.6
	3.4	1.1	0.5
	3.4	1.2	0.4
	2.8	1.1	0.4
	2.8	2.1	0.4
黄土仑类型文化时期	3.7	0.8	0.3
	3.2	1.0	0.6

第二节

新石器时代纺轮的特点

一、新石器时代纺轮材质

人类社会在经历着石器时代、青铜器时代、铁器时代的同时，作为最原始纺纱工具的纺轮的材质也跟着时代在演变。从各大文化遗址及相关考古报告中发现，不仅石、陶、铜、铁质材料用于纺轮的制作，而且其间也有骨质、蚌制、木质、玉质、铅质和沥青纺轮[70]的出现，如表2-17所示。

表2-17　代表性遗址中出土的不同材质的纺轮

序号	遗址名称	出土部分纺轮图片	材质	距今年代
1	浙江余姚河姆渡遗址		陶	约7000年
2	大汶口遗址		石	4600~6300年
3	赤峰红山后文化墓地		蚌	5000~6000年
4	浙江余杭瑶山良渚文化遗址		玉	4150~5250年
5	新疆楼兰古城遗址		木	约2800年
6	马王堆汉墓遗址		铁	约2000年
7	新疆楼兰遗址		铅	约2000年

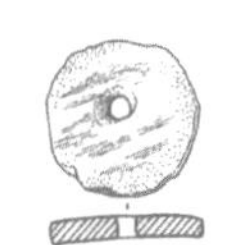

续表

序号	遗址名称	出土部分纺轮图片	材质	距今年代
8	江川县李家山古墓群之22号墓（战国）	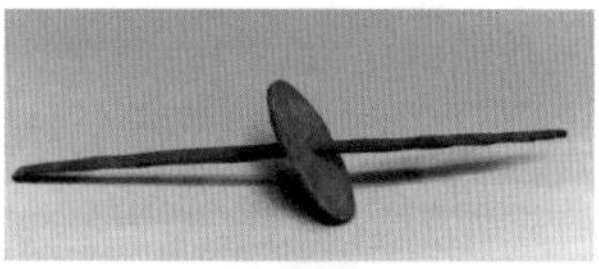	铜	约2000年
9	新疆楼兰遗址		沥青	约2000年
10	宁安县（今宁安市）东康遗址		骨	约1700年
11	中原文化区		磁	1700~3000年

从表中可以看出，就目前考古发掘的纺轮而言，其材质已达11种。这11种材料可以分为两大类：一类是直接从大自然中获取的材料，经过切割打磨成型，如木、石、玉、骨、蚌；另一类是以陶土为代表的材料，经过塑造加工成型，如铅、铁、铜、沥青、磁。

新石器时代的纺轮的材质主要有6种，即石、陶、木、蚌、骨、玉。考古发掘中以石、陶纺轮最为常见，特别是陶纺轮。由于纺轮用料不同，因而其颜色也有差异。陶纺轮的颜色多样，一般由有砂粒的夹砂陶土或泥质陶土塑制。纺轮陶坯经火焙烧时，由于温度高低不等，所以呈现红褐、灰褐等多种颜色。从各大遗址中发掘的陶质纺轮来看，裴李岗文化期间主要有夹砂红陶、夹砂夹蚌红褐陶；磁山文化期间的纺轮主要有夹砂红褐陶和泥质红陶；跨湖桥文化时期的纺轮有红、灰陶；半坡文化期间的大多数纺轮是由细泥烧制而成，还有一些是用陶土烧制的；河姆渡文化期间的纺轮多为夹砂夹炭黑灰陶；良渚文化期间的纺轮多为泥质黑灰陶、夹砂褐陶；大溪文化期间的纺轮以泥质橙黄陶、泥质黑陶、泥质红陶、粗泥红陶等居多，偶尔也有夹砂红陶出现；屈家岭文化期间，泥质红黄陶、泥质灰黄陶、泥质灰陶、泥质黄陶，泥质褐陶、泥质黑陶、泥质红陶的纺轮等均有出现，可谓是陶色的百花齐放；石家河文化时期泥质红陶较多。石纺轮多采用青色页岩或灰色砂炭经加工和磨琢成纺轮，颜色多为灰色和红色。

二、新石器时代纺轮的形状

根据考古报告，笔者进行了典型遗址出土的纺轮形状统计，如表2-18所示。从统计的数据中可以看出，不同遗址发掘的纺轮形状不尽相同。在较早的文化遗址如裴李岗和磁山文化遗址发掘的纺轮只有打制的圆饼形纺轮，到后期才开始出现诸如截面为梯形、工字形、算珠形的纺轮。

表2-18　典型遗址出土的纺轮形状

遗址	类别	具体类型
河北磁山遗址[11]	一式	圆饼状
河南裴李岗文化莪沟遗址[10]	一式	陶片改制，不规则直径3.6cm
浙江河姆渡遗址[13]	四式	第一式，断面略呈矩形；第二式，断面呈梯形；第三式，断面呈凸字形；第四式，断面呈工字形
萧山跨湖桥遗址[14]	二式	陶片打制，多为圆饼形，也有方形
福建福清县东张新石器时代文化遗址[16]	六式	其形状有纵断面呈梯形、扁圆形、椭圆形、半圆形、圆锥形和多边形等多种形状，高1~8mm、直径3~6cm
江西清江营盘里遗址[17]	七式	第一式，底为不平或弧面，表作凸起乳状或呈斜面；第二式，体作菱形，表底两面近穿孔处凸起呈平面；第三式，体较厚，周边斜面或弧形的两面平，穿孔有大小；第四式，两面近平，周边微弧；第五式，两面平，周边作梭形，制作规整；第六式，剖面作长方形，周角稍圆，体厚；第七式，体扁平，周边呈横形而稍偏下
青海乐都柳湾遗址[18]	—	纺轮薄小，中间厚，四周薄
湖北天门石家河肖家屋脊早期遗址[19]	五式	第一式，棱边；第二式，直边；第三式，斜边；第四式，弧边；第五式，一面平，另一面中间隆起
广东曲江石峡遗址[20]	—	扁平圆状梯形、算盘珠形、梯形等
河南唐河寨茨岗新石器时代遗址[21]	三式	第一式，两面皆圆鼓；第二式，一面鼓，一面平；第三式，两面皆平
闽北闽侯县内昙石山遗址[22]	五式	第一式，断面呈梯形；第二式，断面呈长方形；第三式，断面呈束腰形；第四式，断面呈算珠形；第五式，断面呈锥状

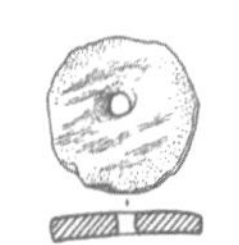

续表

遗址	类别	具体类型
澧县城头山遗址[23]	七式	第一式，直边；第二式，弧边；第三式，斜边；第四式，折边起棱；第五式，胎较厚，弧边，近底边内弧较甚，上、下底内凹，直边孔；第六式，胎较厚，弧边，顶面较平，直边孔；第七式，胎较厚，斜边内弧，直边

学者们也根据考古发掘的纺轮形状，按照不同的划分方法将不同地区的纺轮形状进行了统计分析，如表2-19所示。李约瑟[41]在《中国古代科技史》中对全国纺轮形状（包含夏、商、周）的划分是目前对纺轮划分最为全面的。他将纺轮形状分为九种：圆饼形式，这种形状或用直边、角形边制造，或用弧边制造；梯形制式，有高身形式、低身形式；算珠形式、算盘珠形式；断面呈梯形式、圆锥形式；断面呈凸字形式；车轮形式；圆片形式；萧田形式；梯状形式。从不同地域纺轮形状的划分来看，不同地域出现的纺轮形状不尽相同。但是圆饼形、圆台形、馒头形和算珠形纺轮在不同地域均有出现，工字形、凸字形等形状的纺轮与前三者相比出现的频度并不高，在有的地区甚至没有发现。特别是工字形纺轮，目前仅在河姆渡遗址有发现。

表2-19　学者对不同地区纺轮形状的归类

作者	纺轮形状种类/种	纺轮具体形状
李约瑟[41]（全中国地区的纺轮）	9	①圆饼形式：这种形状或用直边、角形边制造，或用弧边制造。②梯形制式：高身形式、低身形式。③算珠形式、算盘珠形式。④断面呈梯形式、圆锥形式。⑤断面呈凸字形式。⑥车轮形式。⑦圆片形式。⑧萧田形式。⑨梯状形式
王迪[36]（山东地区的纺轮）	8	①扁平长方形。②扁平椭圆形。③扁平梯形。④覆钵形。⑤菱形。⑥一面平，另一面鼓。⑦器身扁平，中间穿孔部位呈台状凸起。⑧两面出浅台面，边身鼓凸出长棱
龙博[34]（浙江地区的纺轮）	6	①馒头形，一面扁平，另一面微鼓。②圆饼形，两面扁平。③圆台形，纵断面呈梯形。④滑轮形，纵断面呈工字形。⑤算珠形，纵断面呈六角扁鼓形。⑥纵断面呈凸字形
李强[71]（河姆渡遗址及天门肖家屋脊遗址出土的纺轮）	6	①圆饼形，两面扁平。②馒头形，一面扁平，另一面微鼓。③圆台形，纵断而呈梯形。④算珠形，纵断面呈六角扁鼓形。⑤滑轮形，纵断面呈工字形。⑥纵断面呈凸字形
袁建平[1]（湖南地区的纺轮）	5	湖南地区的纺轮外形多呈扁平圆形，也有圆柱形、算珠形等。其截面形状可分为矩形、鼓形、梯形、菱形、半圆形等

笔者根据全国新石器时代遗址中出土的纺轮，结合学者们对纺轮形状的划分，将新石器时代纺轮形状划分为七大类（图2–28），纺轮的棱边结构是纺轮设计中的重要因素，图2–29为同一形状纺轮的不同棱边结构，其中圆饼形、圆台形纺轮都有三种不同的棱边。发掘的不同棱边结构的纺轮具体实物及示意图，如图2–30所示，这种棱边结构的存在直接影响了纺轮的质量分布。

纺轮除了棱边结构不一样，还有上下表面结构不一的（图2–31）。

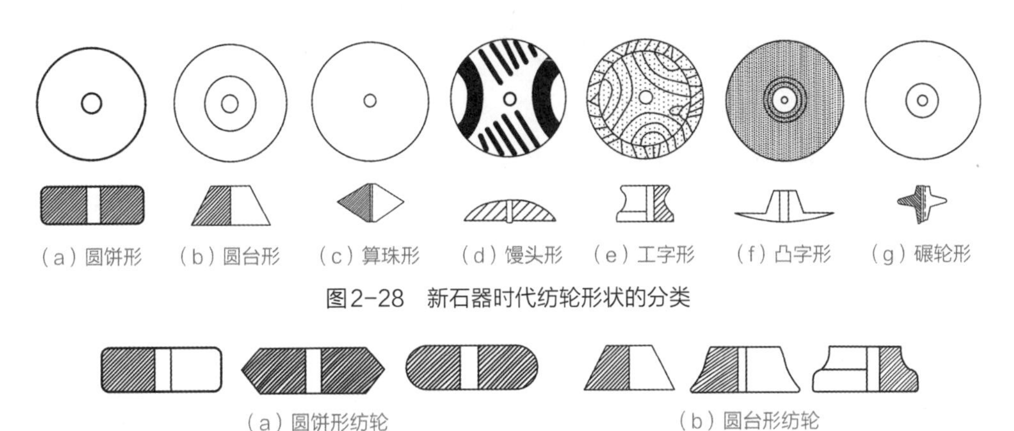

（a）圆饼形（b）圆台形（c）算珠形（d）馒头形（e）工字形（f）凸字形（g）碾轮形

图2–28 新石器时代纺轮形状的分类

（a）圆饼形纺轮（b）圆台形纺轮

图2–29 不同棱边结构的纺轮示意图

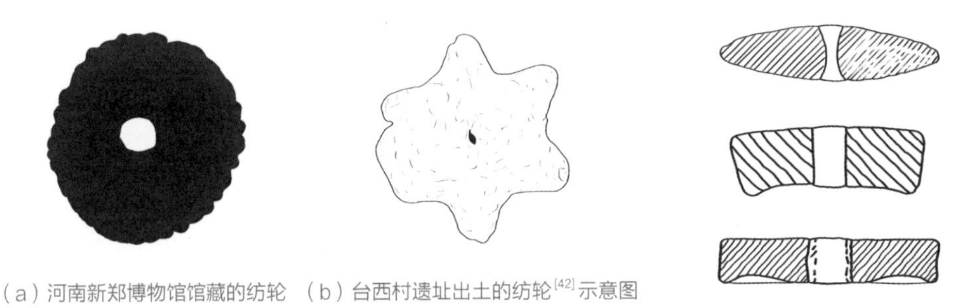

（a）河南新郑博物馆馆藏的纺轮（b）台西村遗址出土的纺轮[42]示意图

图2–30 不同棱边结构的纺轮实物及示意图

图2–31 不同表面结构的纺轮示意图

三、新石器时代纺轮的纹饰

伴随着纺轮的出土，部分纹饰纺轮被发现，特别是大量彩陶纺轮的出土，赋予了纺轮新的生命。最开始的纺轮纹饰与其他陶器纹饰一样，只是无意识的痕迹残留，是搏埴（zhí）之纹，如绳纹、编织纹，指甲纹、戳印纹等。随着人们生产生活及物质文化水平的提升，慢慢将这种无意识的痕迹残留变为有意识地刻画，并赋予这个刻画的物件一定的意义和内涵，赋予了纺轮新的意义。彩绘纺轮既是物质文化也是精神文化的载体，蕴涵了文明起源及其产生的物质与精神因素[72]。从各地的考古报告中，笔者发现纺轮的纹饰不拘一格，形态各异，如表2-20所示。

表2-20　代表性纺轮纹饰

序号	纺轮来源	纺轮纹饰图示	纺轮纹饰说明
1	湖南安乡划城岗遗址第二次发掘报告[73]、巫山大溪遗址出土的纺轮[74-75]	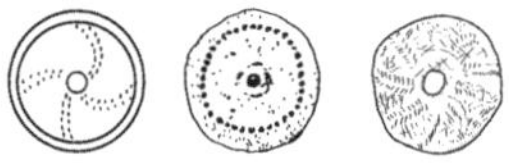	点组成的弧线纹
2	湖南城头山古文化遗址墓葬[23]、良渚文化遗址、后头山遗址[57]	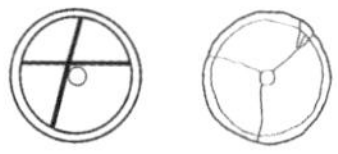	交叉的直线纹
3	靖安出土的带图腾的纺轮[76]		蛇图腾
4	河南平粮台古城遗址[77]、澧县城头山遗址[23]、江苏邳县四户镇（今江苏邳州市四户镇）大墩子遗址[78]	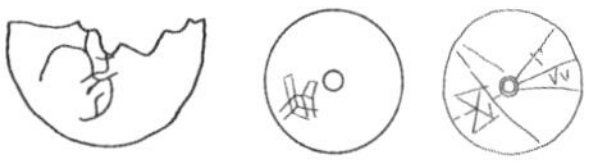	刻特殊符号
5	江苏邳县、武进地区的遗址[79]、良渚文化遗址后山头遗址[57]		八角形刻画纹、四角形纹
6	屈家岭遗址[5]	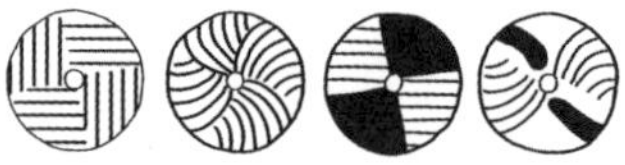	直线纹、弧线纹
7	屈家岭遗址[80]	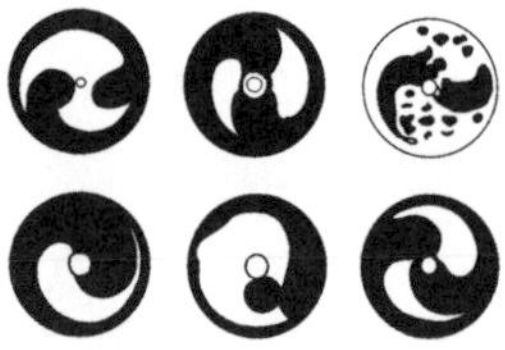	弦纹、旋涡纹
8	福建福清东张新石器时代遗址[16]	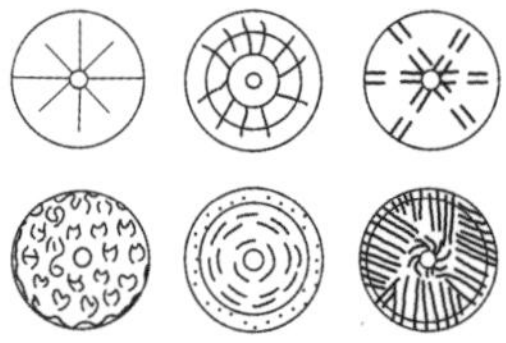	圆点纹、旋涡状纹、戳印纹、辐射状纹

续表

序号	纺轮来源	纺轮纹饰图示	纺轮纹饰说明
9	分属东南地区湖熟文化[81]，青莲岗文化[79]，长江中下游的屈家岭文化[82]，黄河上游马家窑文化的半山类型[83]、马厂类型[83]	（1）湖熟文化（2）青莲岗文化 （3）屈家岭文化（4）马家窑文化半山类型 （5）马家窑文化马厂类型（6）马家窑文化马厂类型	"米"字纹、"十"字纹、圆孔纹、划纹、凸点纹、放射线纹、平行线彩色花纹、锯齿纹或蓖纹及动物图腾
10	青海乐都柳湾遗址（属原始社会晚期）[83]		绳纹最多，此外还有辐状纹、戳印纹、圆孔纹、划纹等
11	分属大汶口文化[84]、崧泽文化[85]、樊城堆文化[86]、马家窑文化马厂类型[83]、龙山或相当于龙山文化晚期[87–88]	（1）大汶口文化（2）崧泽文化 （3）樊城堆文化（4）马家窑文化马厂类型 （5）（6）	花瓣状纹、四个浅圆涡纹
12	大汶口遗址[57，89]		
13	屈家岭遗址[60]		
14	江苏邳县四户镇大墩子遗址[78]		
15	南京地区长江北岸锄禾水系重要的新石器时代遗址（介于崧泽文化和良渚文化之间的新石器晚期人类居住遗址）		人物

纺轮的纹饰可分为以下四大类：一是点、线组成的普通线纹；二是弦纹；三是模仿自然物体的各种形状纹；四是动物图腾。这些图案能给人以无尽的猜测和想象，特别是刻有人物、五星翅膀、C字形图案的纺轮。当纺轮转动时，分别出现人物侧身翻、飞转的五星和放射线纹的几何纹，使周而复始的机械运动被描绘得富有感情和生命力。弦纹、放射线纹等给人一种回旋不息，相生不绝的联想，且丰富饱满，富于变化。就纺轮纹饰的装饰手法而言，可以分为三类：一是用硬质工具在纺轮上刻画，如河姆渡遗址出土的纺轮；二是利用彩绘，如京山屈家岭遗址出土的彩绘纺轮；三是在纺轮成型之初就用绳索按压形成的纹饰。目前将这三种装饰手法结合的纺轮尚未出现。

如此众多的纹饰图案究竟有何代表意义，为此学者们对于纹饰的解释也不尽相同。梁白泉[90]、赵李娜[91]认为纺轮上的刻纹与神、太阳、山川有一定关系，是原始的八卦图形。蔡运章[92]认为屈家岭文化中的彩陶纺轮以其特殊的形体、功能和图案，来作为原始先民祭祀天神的法器。包毅国结合纺轮的实际功用，认为纺织活动的旋转观象启示先祖的智慧，他们从旋转中想起了日月星辰东起西落的天象，于是在纺轮上留下了自己的观察结果。这些图案的线条以各种方式通过轴心，来表达纺轮旋转时的各种视觉形象。张绪球认为彩陶纺轮的花纹不仅可以增加美感，消除疲劳，而且是人们希望纺轮快速转动、多纺好纱的理想和追求的体现，是原始纺织业技术得到飞速发展的重要证据。王迪[36]则结合山东地区发掘的纹饰纺轮特点认为，山东地区的纺轮纹饰没有任何的宗教内涵，而是为了确定纱线捻向，或者便于拥有者识别，或者确定钻孔位置。纺轮纹饰的产生有可能是大部分学者推崇的宗教内涵，抑或是满足审美的需求。纺轮的纹饰起初也可能只是一种纺纱的象征，多根纤维在纺轮的作用下集中在纺杆上，是先民得到美好纱线的一种愿望（以屈家岭纺轮纹饰为例）。笔者认为最初的纹饰还有可能是满足力学性能的需要。由于制作出的纺轮重量稍重，人们为了减轻重量，于是通过刻画去掉部分重量，以达到更好地纺纱的目的。还有一种可能，纹饰是为了标识纺轮，以区别不同的纺轮纺制不同的纤维原料。

任何事物都会经历产生和发展的过程，纺轮也不例外。苏小燕[93]指出在古代纺织工具的设计中，古代的纺织工具也从来不做多余的和无谓的装饰。俄国普列汉诺夫指出："人最初是从功利观点来观察事物和现象，只是后来才站在审美的观点上来看待他们。"所以最初纺轮纹饰的产生只是出于制造及纺纱工艺的需要，通过简单的刻画（线纹）达到确定捻向，确定钻孔位置，减轻纺轮重量等要求。随着生产的发展、社会的进步，人们慢慢发现在纺轮上刻画纹饰不仅能增加美感还能消除疲劳，将枯燥的纺织作业变得更有活力，如玄纹、各种形状纹和动物图腾的出现。在生产实践中，随着人们的观察和自然界事物的联想，人们变换着纹饰的结构和图案，作为当时唯一的纺织工具，赋予其更神秘的色彩，以表达他们对于纺轮的热爱及其美好的纺纱愿望。在生产实践中，人们慢慢地赋予了纺轮超出其本身功用的色彩，将其作为“法器”等使用。这正好顺应了学者们关于纺轮具有除纺纱工具之外的功用的观点。例如，梁白泉[90]等认为纺轮是玉璧、妇女头上的装饰、算珠、耳环、扣子等，程刚[94]则认为战国时期七雄之首秦国的圜钱是由纺轮递变而来。日本的甲元真之[95]认为扁圆锥体的纺轮实际上是儿童玩具，王迪[96]提出韩国有学者认为集中发现的大小不一的纺轮也可能是砝码。这正是社会生产力的发展，人们物质及精神追求提升的重要证明。

四、新石器时代纺轮的直径、厚度和孔径

不仅纺轮的形状在改变，纺轮的大小、质量在新石器时代各个文化阶段也一直在变化，如表2-21所示。纺轮直径范围为2~16cm，厚度范围为0.2~9cm，孔径范围为0.3~4cm；其质量最小为5g[34]，最大可达到120g左右[97]。

表2-21　新石器纺轮直径、厚度和孔径范围

纺轮	直径/cm	厚度/cm	孔洞/cm
范围	2.0~16.0	0.2~9.0	0.3~4.0

第三节

陶纺轮形制的发展

一、陶纺轮形状的发展

考古发掘陶纺轮的形状按照其纵截面形状划分，可分为圆饼形、圆台形、馒头形、算珠形、工字形、凸字形和碾轮形。在新石器时代，圆饼形、圆台形、馒头形和算珠形纺轮的数量明显高于其他形状的纺轮，特别是圆饼形纺轮的数量在各个时

间段都处于领先地位，其次是馒头形和圆台形纺轮（图2–32）。“工”字形、“凸”字形和碾轮形纺轮的数量并不高，在很多地方并没有发现这种形状的纺轮。在新石器时代中期，纺轮全部为打制的圆饼形；到了新石器时代晚期偏早阶段，各种形状的纺轮开始大量出现；到了新石器时代晚期偏晚阶段，纺轮的形状又开始减少，“工”字形、“凸”字形和碾轮形纺轮消失，如表2–22所示。需要特别指出的是，虽然整体上看圆饼形纺轮的数量总是处于领先地位，但是单独来看各个文化阶段不同形状纺轮的数量情况也存在一定的个性化差异。例如，龙山文化时期，馒头形纺轮的数量在该文化时期纺轮总量中的占比明显大于圆饼形纺轮，其中馒头形纺轮占62.5%，圆饼形纺轮占23%；良渚文化阶段没有圆饼形纺轮，数量最多的为圆台形纺轮，其占该阶段纺轮总量的83.3%，如表2–23所示。

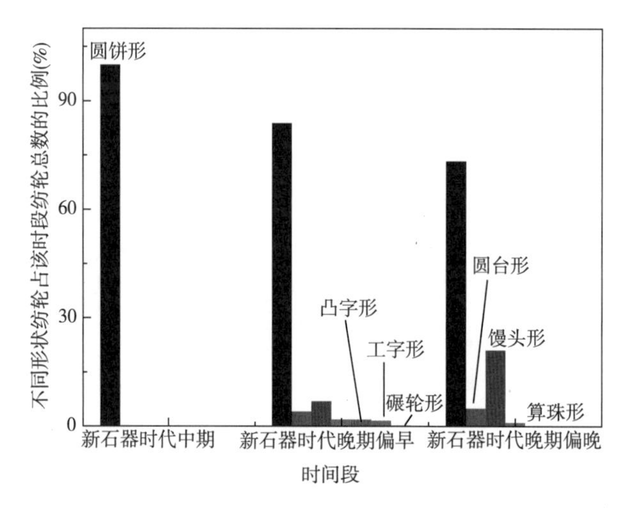

图2–32 不同形状陶纺轮在不同文化阶段的使用比例

表2–22 不同形状陶纺轮在不同阶段的纺轮总数中所占的比例

时段	可统计纺轮总数/个	不同形状纺轮占该时段纺轮总数的比例/%						
		圆饼形	圆台形	馒头形	算珠形	凸字形	工字形	碾轮形
新石器时代中期	135	100.0	—	—	—	—	—	—
新石器时代晚期偏早	697	81.6	4.5	6.8	3.9	1.7	1.4	0.1
新石器时代晚期偏晚	1277	73.3	4.8	21.0	0.9	—	—	—

表2-23 不同形状陶纺轮在不同阶段不同文化的纺轮总数中所占的比例

时段		可统计纺轮总数/个	不同形状纺轮占该文化纺轮总数的比例/%						
			圆饼形	圆台	馒头	算珠	凸	工	碾轮
新石器时代中期	裴李岗文化	9	100.0	—	—	—	—	—	—
	磁山文化	23	100.0	—	—	—	—	—	—
	跨湖桥文化	103	100.0	—	—	—	—	—	—
新石器时代晚期偏早	北辛文化	1	100.0	—	—	—	—	—	—
	仰韶文化	71	70.4	18.3	11.3	—	—	—	—
	河姆渡文化	125	60.0	11.2	3.2	8.0	9.6	8.0	—
	大汶口文化	297	81.1	1.3	11.8	5.8	—	—	—
	大溪文化	203	99.5	—	—	—	—	—	0.5
新石器时代晚期偏晚	龙山文化	371	23.0	12.0	62.5	2.5	—	—	—
	良渚文化	12	—	83.3	8.3	8.3	—	—	—
	屈家岭文化	268	94.0	1.1	1.9	3.0	—	—	—
	石家河文化	626	95.0	2.3	1.6	1.1	—	—	—

二、陶纺轮直径的发展规律

（一）新石器时代中期的纺轮直径

截至目前，在新石器时代早期并未发现纺轮，中国最早发现的纺轮属于新石器时代中期。这个时期，直径为2~6cm的纺轮均有出现（图2-33）。据不完全统计分析，在新石器时代中期，特别是跨湖桥文化阶段，大、中、小型纺轮使用的比例相差并不大，不同直径陶纺轮在新石器时代中期不同文化的纺轮总数中所占的比例，如表2-24所示。这说明人类已经开始在实践中摸索纺轮结构形态对纺纱的影响。这在一定程度上也说明，在跨湖桥文化阶段纺轮的使用处于初级阶段的中后期，即纺轮已经应用了一段时间。

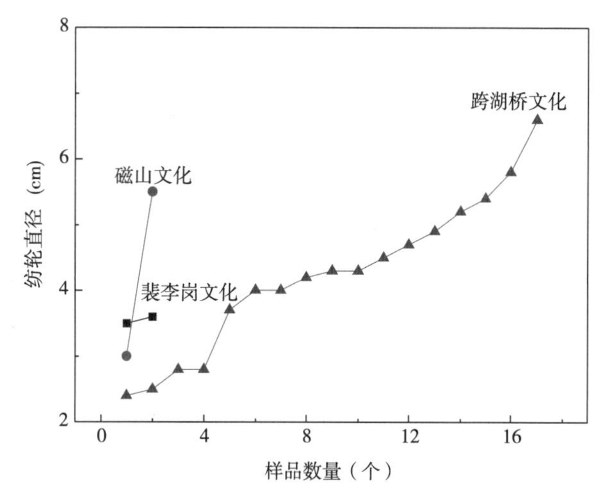

图2-33 新石器时代中期纺轮直径

表2-24　不同直径陶纺轮在新石器时代中期不同文化中所占比例

时间	纺轮数量/个	不同直径范围纺轮所占比例/%			平均直径/cm
		<3.9cm	4.0~4.9cm	>5.0cm	
裴李岗文化	2	100.0	—	—	3.6
磁山文化	2	50.0	—	50.0	4.3
跨湖桥文化	17	29.4	47.1	23.5	5.0
不同直径范围的纺轮所占比例的平均值/%	21*	38.1	38.1	23.8	—
不同直径范围内的纺轮的平均直径/cm	—	3.2	4.4	5.7	4.8

注　*为新石器时代中期不完全统计的纺轮数量的总和。

（二）新石器时代晚期偏早阶段的纺轮直径

到了新石器时代中期，纺轮开始被大量发现。打磨的纺轮仍然可见，但是数量减少，多为陶土专门烧制，如西安半坡遗址[15]和河姆渡遗址[13]。北辛文化阶段的纺轮很少，但是仰韶文化阶段和河姆渡文化阶段的纺轮发掘数量多达500件，特别是在河姆渡遗址中就发掘300多件[13]（图2-34）。在该文化阶段，大、中、小型纺轮均有发现。据不完全数据统计分析，在整个新石器时代晚期偏早阶段，中大型纺轮的数量偏多，特别是大型纺轮的数量占该阶段纺轮总数的比例较大，为43.2%，不同直径陶纺轮在新石器时代晚期偏早阶段不同文化的纺轮总数中所占比例，如表2-25所示。通过观察该阶段的各个文化不同直径纺轮的数量发现，不同地域文化之间存在一定的差异性。例如，在黄河中游地区的仰韶文化阶段，大型纺轮的数量占该文化阶段纺轮总数的比例为76.2%，接近80%；而中小型纺轮的数量所占比例总共为23.8%，特别是小型纺轮所占比例极少。而在位于长江下游的河姆渡文化阶段，小型和大型纺轮的数量多于中型纺轮。黄河下游大汶口文化和长江中

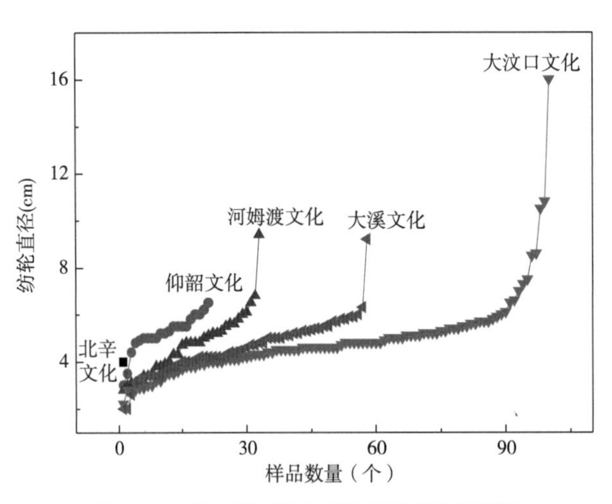

图2-34　新石器时代晚期偏早阶段纺轮直径

游的大溪文化，均是大中型纺轮数量居多，这两个阶段的大中型纺轮数量占该文化阶段纺轮总数的比例分别为75.9%、80%。

表2-25　不同直径陶纺轮在新石器时代晚期偏早阶段不同文化所占比例

时间	纺轮数量/个	不同直径范围纺轮所占比例/%			平均直径/cm
		<3.9cm	4.0~4.9cm	>5.0cm	
北辛文化	1	—	100.0	—	4.0
仰韶文化	21	9.5	14.3	76.2	5.2
河姆渡文化	33	33.3	24.3	42.4	5.0
大溪文化	58	24.1	34.5	41.4	4.8
大汶口文化	100	20.0	42.0	38.0	4.9
不同直径范围的纺轮所占比例的平均值/%	213*	22.1	34.7	43.2	—
不同直径范围内的纺轮的平均直径/cm	—	3.4	4.5	5.9	5.0

注　*为新石器时代晚期偏早阶段不完全统计的纺轮数量的总和。

在仰韶文化和河姆渡文化区域，纺轮的最小直径约为3cm，而在大溪文化和大汶口文化区域内纺轮最小直径为2cm。且在大汶口文化还发现了超大型纺轮，直径达16cm，其他文化阶段纺轮最大径一般约为8cm。

（三）新石器时代晚期偏晚阶段的纺轮直径

考古发掘的新石器时代晚期偏晚阶段纺轮数量有增无减。特别是在长江中游地区的石家河文化阶段发现了500多件纺轮[19]，这是截至目前我国集中发现纺轮数量最多的文化阶段。

新石器时代晚期偏晚阶段的龙山文化区域的纺轮直径范围为3~12cm（图2-35），该文化阶段纺轮的平均直径大于良渚文化、屈家岭文化和石家河文化阶段纺轮的平均直径。据

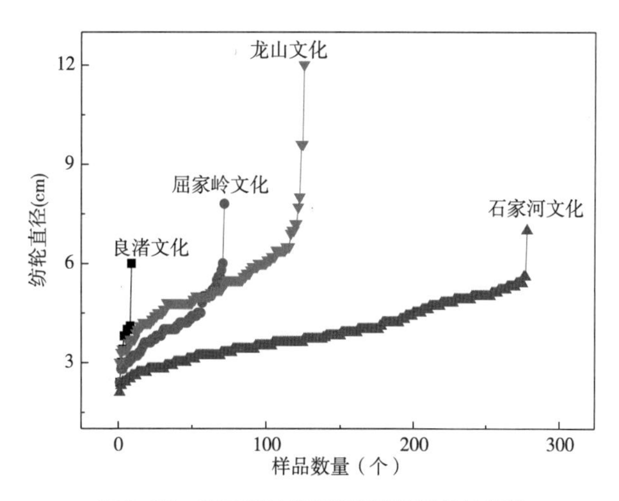

图2-35　新石器时代晚期偏晚阶段纺轮直径

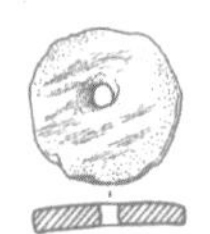

不完全数据统计分析，良渚文化、屈家岭文化和石家河文化的纺轮，所占比例较大的为中小型纺轮，特别是小型纺轮所占的比例较其在新石器时代晚期偏早阶段中所占的比例明显增加，从之前的20%增加到近50%，增加了30%。但是该阶段的龙山文化阶段却与其他文化阶段截然相反，龙山文化阶段中大型纺轮的占比与其前身大汶口文化阶段相比有所增长，增长了近20%。特别是大型纺轮，从大汶口文化阶段的38%增长到了龙山文化阶段的58.7%。龙山文化阶段小型纺轮所占的比例仅为9.5%。但是从整体上看，在整个新石器时代晚期偏晚阶段，中小型纺轮的所占比例明显上升，特别是小型纺轮，从晚期偏早的22.1%增长到了晚期偏晚的43.7%，不同直径陶纺轮在新石器时代晚期偏晚阶段不同文化的纺轮总数中所占比例如表2-26所示。

表2-26 不同直径陶纺轮在新石器时代晚期偏晚阶段不同文化所占比例

时间	纺轮数量/个	不同直径范围纺轮所占比例/%			平均直径/cm
		<3.9cm	4.0~4.9cm	>5.0cm	
良渚文化	9	55.6	33.3	11.1	3.8
屈家岭文化	95	46.3	36.8	16.8	4.1
龙山文化	126	9.5	31.7	58.7	5.5
石家河文化	278	57.9	28.1	14.0	3.9
不同直径范围的纺轮所占比例的平均值/%	508*	43.7	30.7	25.6	—
不同直径范围的纺轮平均直径/cm	—	3.3	4.4	5.7	4.3

注 *为新石器时代晚期偏晚阶段不完全统计的纺轮数量的总和。

根据整个新石器时代中晚期纺轮的直径可知，黄河流域范围内（仰韶文化、大汶口文化、龙山文化）的纺轮直径的发展趋势为，大型纺轮数量占整个新石器时代纺轮总数的比例一直处于上升阶段，且大中型纺轮所占比例较大，特别是到了新石器时代晚期偏晚阶段，大型纺轮的比例增加到了58.7%。而长江流域纺轮的直径的发展趋势为从大中型向小型转变，到了石家河文化阶段，小型纺轮的比例增加到了57.9%。

三、陶纺轮厚度的发展规律

（一）新石器时代中期的纺轮厚度

纺轮的另一个重要参数便是纺轮的厚度。考古发掘的纺轮厚度也一直在变化，纺轮厚度的变化直接影响了纺轮的质量和重心的高低。新石器时代中期，纺轮的厚度都较薄，均小于2cm，且小于1cm的纺轮占统计数的90%。据不完全统计分析新石器时代中期不同厚度范围的纺轮在不同文化阶段可统计纺轮数量中所占比例，如表2-27所示。

表2-27　新石器时代中期不同厚度范围的纺轮所占比例

时间	纺轮数量/个	不同厚度范围的纺轮所占比例/%			平均厚度/cm
		<1.0cm	1.0~2.0cm	>2.0cm	
裴李岗文化	1	100.0	—	—	0.4
磁山文化	2	50.0	50.0	—	0.8
跨湖桥文化	7	100.0	—	—	0.4
不同厚度范围的纺轮所占比例的平均值/%	10*	90.0	10.0	—	—
不同厚度范围内的平均厚度/cm	—	0.5	1.0	—	0.6

注　*为新石器时代中期不同文化阶段不完全统计的纺轮数量的总和。

（二）新石器时代晚期偏早阶段的纺轮厚度

到了新石器时代晚期偏早阶段，虽然也有打制纺轮，但是人类开始用陶专门烧制纺轮。此阶段纺轮的厚度开始增加，主要在0.4~6.5cm变化（图2-36）。在大溪文化和大汶口文化阶段均出现了厚度大于4cm的纺轮。在整个新石器时代晚期偏早阶段，纺轮厚度主要集中在1~2cm，占统计量的60%。但是不同地域文化之间，纺轮厚度的集中范围也存在一定的差异性，仰韶文化阶段的纺轮较其他文化阶段的纺轮偏厚，主要集中在大于2cm这个范围内，占统计总量的76.2%。据不完全统计分析新石器时代晚期偏早阶段不同厚度范围的纺轮数量在不同文化阶段可统计纺轮数量中所占比例，如表2-28所示。

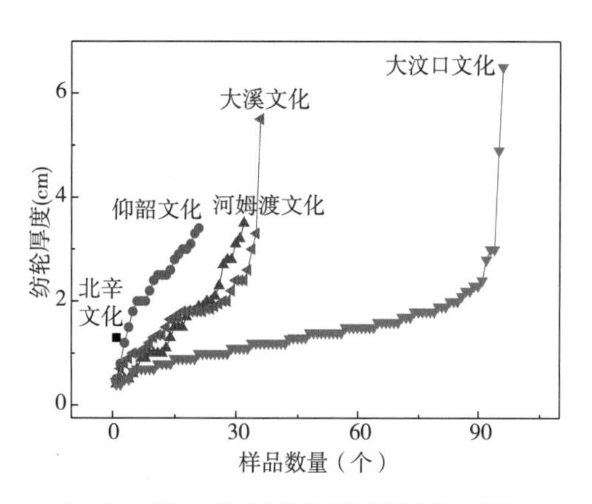

图2-36　新石器时代晚期偏早阶段的纺轮厚度

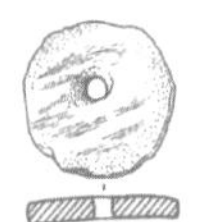

表2-28　新石器时代晚期偏早阶段不同厚度范围的纺轮所占比例

时间	纺轮数量/个	不同厚度范围的纺轮所占比例/%			平均厚度/cm
		<1.0cm	1.0~2.0cm	>2.0cm	
北辛文化	1	—	100.0	—	1.3
仰韶文化	21	9.5	14.3	76.2	2.3
河姆渡文化	32	25.0	50.0	25.0	1.6
大溪文化	36	11.1	66.7	22.2	1.8
大汶口文化	96	20.8	67.7	16.9	1.5
不同厚度范围的纺轮所占比例的平均值/%	185*	17.4	60.0	21.6	—
不同厚度范围内的平均厚度/cm	—	0.7	1.5	2.9	1.6

注　*为新石器时代晚期偏晚阶段的不同文化阶段不完全统计的纺轮数量的总和。

（三）新石器时代晚期偏晚阶段的纺轮厚度

到了新石器时代晚期偏晚阶段，纺轮的厚度范围在0.2~9cm范围内不断变化，除了石家河文化阶段出现了厚度达到6~9cm的超厚纺轮外，其他文化阶段的纺轮厚度多集中在2cm以下（图2-37）。不管是位于长江流域的文化还是位于黄河流域的文化，纺轮的厚度都集中于0.2~2cm，特别是多集中于0.2~1cm。据不完全统计分析，新石器时代晚期偏晚阶段不同厚度的纺轮数量在不同文化阶段可统计纺轮数量中所占比例，如表2-29所示。另外，良渚文化阶段的纺轮厚度都大于1cm，这主要与纺轮的形状有关，该阶段的纺轮形状多为圆台形、算珠形[57-58]。

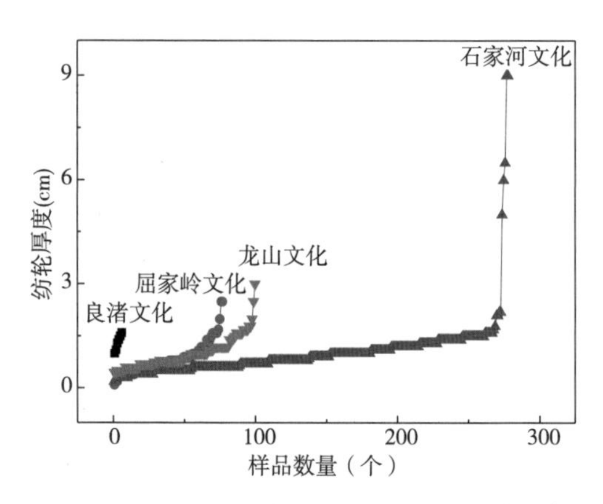

图2-37　新石器时代晚期偏晚阶段的纺轮厚度

表2-29　新石器时代晚期偏晚阶段不同厚度范围的纺轮所占比例

时间	纺轮数量/个	不同厚度范围的纺轮所占比例/%			平均厚度/cm
		<1.0cm	1.0~2.0cm	>2.0cm	
良渚文化	6	—	100.0	—	1.3
屈家岭文化	77	71.4	24.7	3.9	0.9

续表

时间	纺轮数量/个	不同厚度范围的纺轮所占比例/%			平均厚度/cm
		<1.0cm	1.0~2.0cm	>2.0cm	
龙山文化	100	55.0	44.0	2.0	1.0
石家河文化	278	54.7	43.5	1.8	1.0
不同厚度范围的纺轮所占比例的平均值/%	461*	56.6	40.6	2.8	—
不同厚度范围内的纺轮平均厚度/cm	—	0.6	1.3	4.2（去掉几个特例后是2.4）	1.0

注 *为新石器时代晚期偏晚阶段的不同文化阶段不完全统计的纺轮数量的总和。

四、陶纺轮孔径的发展规律

由于部分文化地区未收集到纺轮孔径的相关数据，所以纺轮的孔径按照整个新石器中晚期来对比分析。纺轮的孔径在整个新石器时代的变化范围较大，主要在0.2~4.5cm范围内变化（图2-38）。特别是新石器时代晚期偏早阶段，还出现了一枚孔径大于4cm的纺轮。但是从整体上看，纺轮的孔径多小于2cm。纺轮孔径大小的变化经历了从小孔径到中型孔径，再到中、小孔径的变化，孔径大于1cm的纺轮很少出现。新石器时代中期纺轮孔径主要集中在0.3~0.6cm，到了新石器时代晚期偏晚阶段，纺轮孔径范围主要在0.2 ~ 1cm。据不完全数据统计分析，新石器时代不同孔径纺轮数量在该时代不同阶段可统计纺轮总数中所占的比例，如表2-30所示。

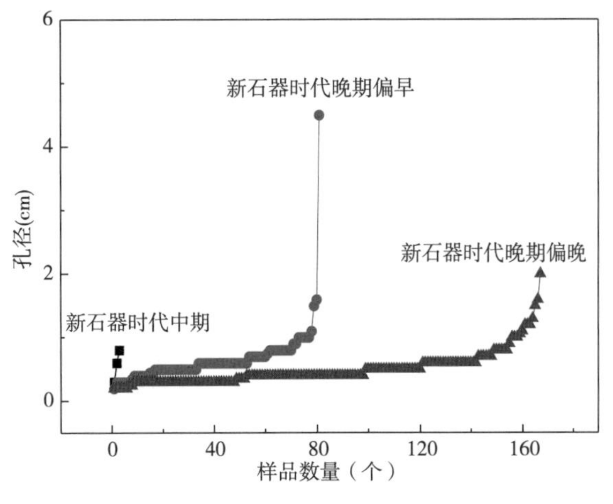

图2-38　新石器时代的纺轮孔径

表2-30 新石器时代不同孔径的纺轮所占比例

时间	纺轮数量/个	不同孔径范围的纺轮所占比例/%			平均孔径/cm
		<0.5cm	0.5~1.0cm	>1.0cm	
新石器时代中期	103	—	—	—	0.4
新石器时代晚期偏早阶段	81	19.8	75.3	4.9	0.7
新石器时代晚期偏晚阶段	167	32.3	35.9	15.0	0.5

五、陶纺轮直径与厚度的关系

纺轮的直径、厚度和孔径是纺轮结构形态的重要参数，它们的大小都在改变。通过对比新石器时代不同文化阶段纺轮直径、厚度和孔径等的变化，发现在整个新石器时代纺轮的这些结构参数都存在一定的变化趋势，即从中大型纺轮向中小型纺轮发展，直径与厚度不存在明显的线性关系（图2-39），但是从整体上看，虽然在新石器时代晚期偏早以前，纺轮的直径厚度关系杂乱，但是到了新石器时代晚期偏晚阶段，当纺轮直径大于4cm时，厚度就普遍大于0.5cm，且绝大部分纺轮直径总是大于厚度。

同时从图中可以看出，直径为

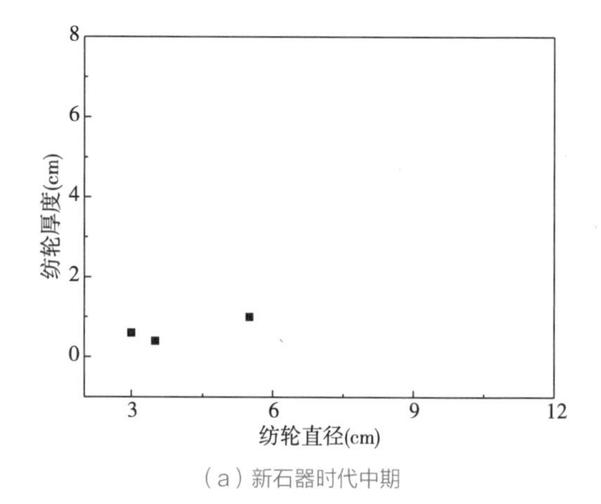

（a）新石器时代中期

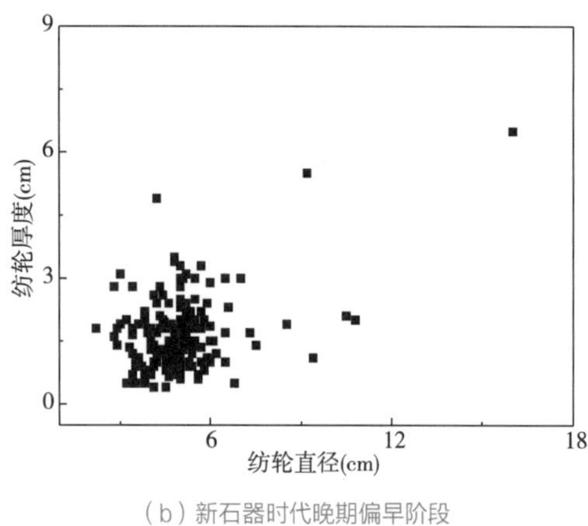

（b）新石器时代晚期偏早阶段

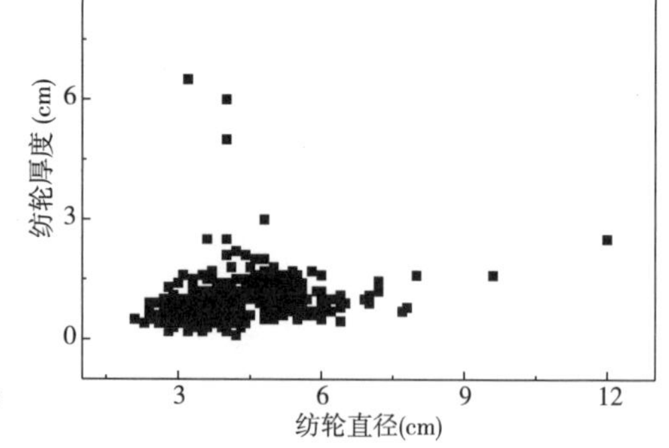

（c）新石器时代晚期偏晚阶段

图2-39 新石器时代纺轮的直径与厚度的关系

3~6cm时，纺轮厚度变化较大，特别是在新石器时代晚期偏早阶段，直径为5cm的纺轮，其厚度在0.2~2.5cm范围内变化，到了新石器时代晚期偏晚阶段，纺轮的厚度变化范围开始缩小，直径为2~5cm的纺轮，其厚度在0.2~1.5cm范围内变化。

六、陶纺轮直径与孔径的关系

在裴李岗文化、磁山文化及跨湖桥文化阶段，即新石器时代中期，纺轮都是由陶片打制或者磨制而成。由于受到陶片厚度的限制，该阶段纺轮都较薄，大都为0.4~1cm。纺轮厚度与孔径之间也不存在线性关系，同一直径的纺轮存在多个孔径（图2-40）。根据图中集中区域来看，纺轮孔径与直径的比值范围为1/10~2/5。

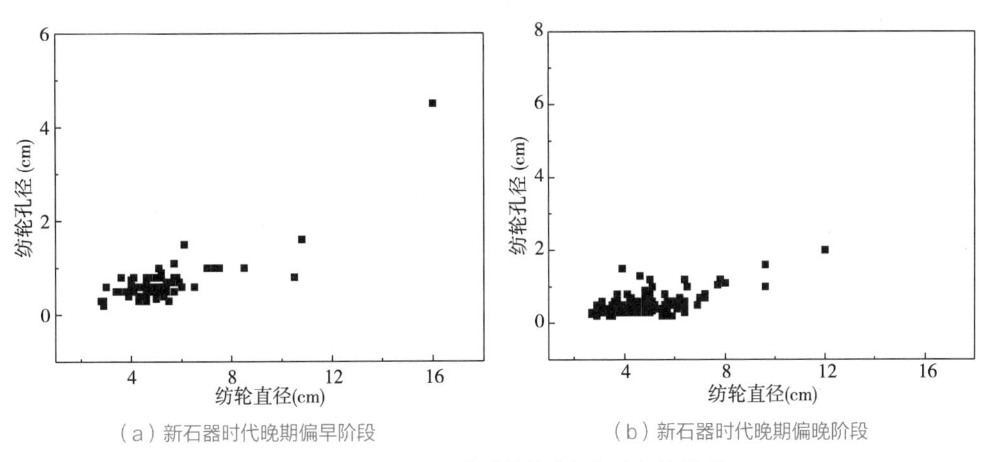

（a）新石器时代晚期偏早阶段　　（b）新石器时代晚期偏晚阶段

图2-40　新石器时代纺轮的直径与孔径的关系

七、陶纺轮孔径与厚度的关系

新石器时代晚期纺轮的厚度和孔径范围具有一致性，都在0.2~2cm范围内变化，而集中区域存在一定的差异性（图2-41）。孔径大小主要集中在小于1cm的范围内，但是厚度则主要集中在0.5~2cm的范围内。同一厚度的纺轮存在多个孔径，一般孔径小于厚度。

八、陶纺轮捻杆与纺轮的质量比

设计的目的是为人服务的，那么在设计中最基本的技术因素和形式原则便是尺度和比例[94]。从旋转时间上看，人手拧的难易程度和中轴与圆盘的质量比极大地影响了陀螺旋转的时间[98]。陀螺的旋转与纺轮的旋转有类似之处，所以在纺轮的设计

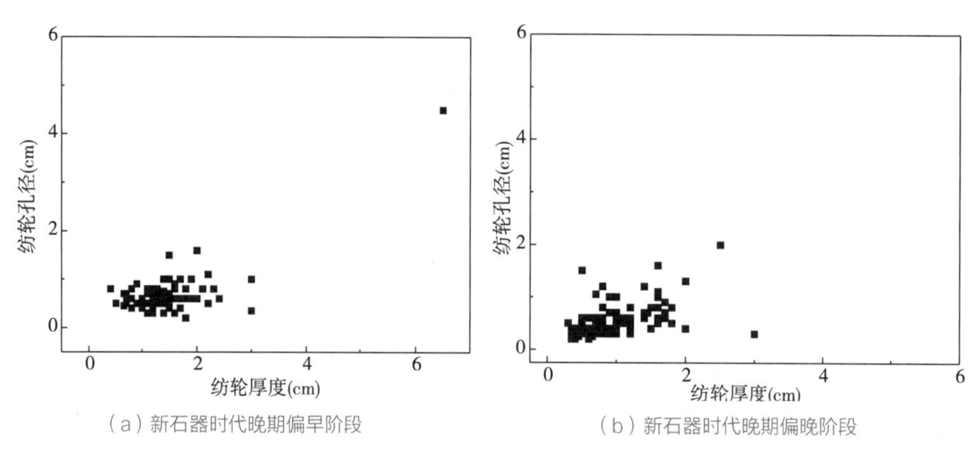

（a）新石器时代晚期偏早阶段　（b）新石器时代晚期偏晚阶段

图2-41　新石器时代陶纺轮的厚度与孔径的关系

中人手拧的难易程度也应是要考虑的重点，由此推断在纺轮的设计中，捻杆与纺轮的质量比也是重要的设计因素。这也正好解释了纺轮孔径变化的原因。人类一直在寻找最佳的尺寸［式（2-1）~式（2-4）］，使纺轮更易被旋转，做到省工、省时、省力，从而获得最佳操作感和获得最大的收益。

捻杆与纺轮的质量比为

$$\frac{M_{捻杆}}{M_{纺轮}}=\frac{\rho_{捻杆}V_{捻杆}}{\rho_{纺轮}V_{纺轮}}=\frac{\rho_{捻杆}\pi R_{孔}^{2}h_{捻杆}}{\rho_{纺轮}\pi R_{纺轮}^{2}h_{纺轮}}=\frac{\rho_{捻杆}R_{孔}^{2}h_{捻杆}}{\rho_{纺轮}R_{纺轮}^{2}h_{纺轮}} \tag{2-1}$$

式中：M为质量，g；ρ为密度，g/cm^3；V为体积，cm^3；R为半径，cm；h为（纺轮的高为其厚度，捻杆的高为其长度）高度，cm。

设

$$\frac{\rho_{捻杆}}{\rho_{纺轮}}=k \tag{2-2}$$

由于

$$\frac{R_{孔}{}^{2}}{R_{纺轮}{}^{2}}=\frac{D_{孔}{}^{2}}{D_{纺轮}{}^{2}} \tag{2-3}$$

式中：D为直径，cm。

所以

$$\frac{M_{捻杆}}{M_{纺轮}}=\frac{D_{孔}{}^{2}h_{捻杆}}{D_{纺轮}{}^{2}h_{纺轮}}k \tag{2-4}$$

从可统计的捻杆长度可知，捻杆的长度均值为23.5cm，如表2-31所示。

表2-31　捻杆的长度

序号	捻杆来源	捻杆长度/cm	平均长度/cm
1	维京时代的木质捻杆[36]	9.0	23.5
2	新疆民丰县北大沙漠中古遗址墓葬区[99]	16.5	
3	新疆发掘的木制捻杆[100]	17.0	
4	江西贵溪崖墓[101]	18.4	
5	余杭瑶山良渚文化祭坛遗址[102]	16.4	
6	且末县扎滚鲁克墓葬[103]	34.0	
7	少数民族地区[104]	20.0	
8	新疆发掘的木制捻杆[100]	57.0	

根据各个文化阶段典型纺轮直径、厚度和孔径数据，得到各文化阶段捻杆与纺轮的质量比，如表2-32所示。

表2-32　捻杆与纺轮的质量比

序号	时间	捻杆与纺轮的质量比
1	跨湖桥文化	0.69k
2	北辛文化	0.55k
3	河姆渡文化	0.38k
4	大汶口文化	0.27k
5	龙山文化	0.45k
6	良渚文化	0.39k
7	屈家岭文化	0.12k
8	石家河文化	0.14k

各文化阶段捻杆与纺轮的质量比虽然存在一定的差异性，整体发展趋势也不明显，但是细看长江流域各文化阶段就可以发现，捻杆与纺轮的质量比呈下降的趋势，到了屈家岭与石家河阶段基本稳定不变，在0.12k~0.14k（图2-42）。同时间段内，黄河流域的捻杆与纺轮质量比大于长江流域。

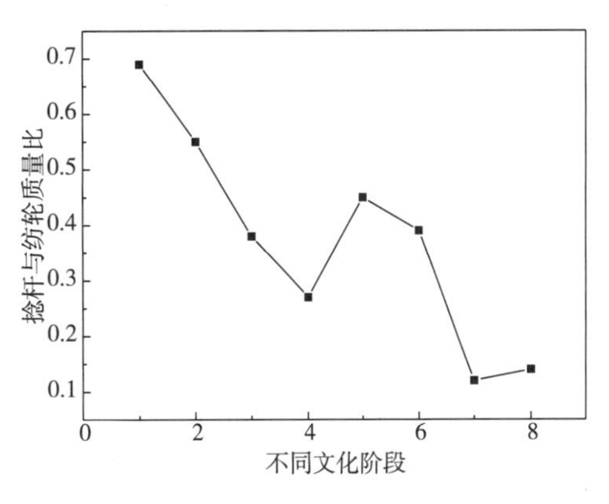

图2-42　不同文化阶段捻杆与纺轮的质量比

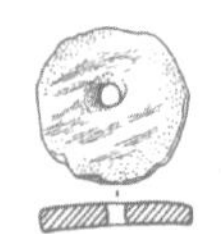

九、各文化阶段代表型纺轮

根据各文化阶段纺轮的统计分析结果，可得新石器时代的纺轮在主要文化阶段的结构形态，如表2–33、表2–34所示。

表2–33 新石器时代的纺轮结构形态

<table>
<tr><th>纺轮结构形态</th><th colspan="3">新石器时代中期</th><th colspan="2">新石器时代晚期偏早</th><th colspan="2">新石器时代晚期偏晚</th></tr>
<tr><td>形状</td><td colspan="3">圆饼形</td><td colspan="2">圆饼形、圆台形、馒头形、算珠形</td><td colspan="2">圆饼形、圆台形、馒头形</td></tr>
<tr><td>直径范围</td><td colspan="3">大中小型纺轮所占比例基本相同</td><td colspan="2">中大型居多</td><td colspan="2">中小型居多</td></tr>
<tr><td rowspan="2">平均直径/cm</td><td>3.2（小）</td><td>4.4（中）</td><td>5.7（大）</td><td>3.4（中）</td><td>4.5（大）</td><td>3.3（中）</td><td>4.4（大）</td></tr>
<tr><td colspan="3">4.8（总）</td><td colspan="2">3.9</td><td colspan="2">4.2（总）</td></tr>
<tr><td>厚度范围</td><td colspan="3"><1.0cm</td><td colspan="2">1.0~2.0cm</td><td colspan="2"><1.0cm</td></tr>
<tr><td>平均厚度/cm</td><td colspan="3">0.5</td><td colspan="2">1.5</td><td colspan="2">0.6</td></tr>
<tr><td>孔径范围</td><td colspan="3">0.3~0.6cm</td><td colspan="2">0.5~1.0cm</td><td colspan="2">0.2~1.0cm</td></tr>
<tr><td>平均孔径/cm</td><td colspan="3">0.4</td><td colspan="2">0.6</td><td colspan="2">0.4</td></tr>
</table>

表2–34 新石器时代各文化阶段纺轮的结构形态

<table>
<tr><th>文化阶段</th><th>时间</th><th>形状</th><th>平均直径/cm</th><th>平均厚度/cm</th><th>平均孔径/cm</th></tr>
<tr><td rowspan="3">新石器时代中期</td><td>裴李岗文化</td><td>圆饼形</td><td>3.6</td><td>0.4</td><td>—</td></tr>
<tr><td>磁山文化</td><td>圆饼形</td><td>4.3</td><td>0.8</td><td>—</td></tr>
<tr><td>跨湖桥文化</td><td>圆饼形</td><td>5.0</td><td>0.4</td><td>0.5</td></tr>
<tr><td>平均值</td><td>—</td><td>—</td><td>4.8</td><td>0.6</td><td>0.5</td></tr>
<tr><td rowspan="5">新石器时代晚期偏早</td><td>北辛文化</td><td>圆饼形</td><td>4.0</td><td>1.3</td><td>0.7</td></tr>
<tr><td>仰韶文化</td><td>圆饼形</td><td>5.2</td><td>2.3</td><td>—</td></tr>
<tr><td>河姆渡文化</td><td>圆饼形</td><td>5.0</td><td>1.6</td><td>0.8</td></tr>
<tr><td>大汶口文化</td><td>圆饼形</td><td>4.9</td><td>1.8</td><td>0.7</td></tr>
<tr><td>大溪文化</td><td>圆饼形</td><td>4.9</td><td>1.5</td><td>—</td></tr>
<tr><td>平均值</td><td>—</td><td>—</td><td>5.0</td><td>1.6</td><td>0.7</td></tr>
<tr><td rowspan="4">新石器时代晚期偏晚</td><td>龙山文化</td><td>馒头形</td><td>3.8</td><td>1.3</td><td>0.6</td></tr>
<tr><td>良渚文化</td><td>圆台形</td><td>4.1</td><td>0.9</td><td>0.5</td></tr>
<tr><td>屈家岭文化</td><td>圆饼形</td><td>5.5</td><td>1.0</td><td>0.4</td></tr>
<tr><td>石家河文化</td><td>圆饼形</td><td>3.9</td><td>1.0</td><td>0.3</td></tr>
<tr><td>平均值</td><td>—</td><td>—</td><td>4.3</td><td>1.0</td><td>0.5</td></tr>
</table>

同时从纺轮的统计数据可以看出，纺轮的尺寸存在一定的特性，即相同直径的纺轮，其孔径和厚度是多变的。同一孔径、厚度的纺轮，直径也是改变的。但是由于缺乏质量的具体数据，所以对于其具体关系还不能确定，但是直径、孔径、厚度对质量的影响，从而影响纺轮的旋转是肯定的，且直径、孔径、质量大小之间应该存在一定的比例关系。

第四节

纺轮在湖北地区的发展与规律

考虑到裴李岗文化、磁山文化、跨湖桥文化、北辛文化、仰韶文化、河姆渡文化、大汶口文化、良渚文化、屈家岭文化、石家河文化及龙山文化并不属于一脉的文化体系，文化之间不存在紧密的递进关系，且考古发掘最著名的纺轮遗址在湖北天门，因此为进一步探究统一文化体系的纺轮，特别是当时纺织手工业较发达地区的纺轮的演变路径，本文探究了湖北地区各主要文化阶段纺轮的演变过程。

湖北地处长江流域，是稻作农业经济文化的重要腹地，是长江文化的重要组成部分。当时的古人在这里创造了全国领先的早期纺织文明。大量发掘出的陶制纺轮证明了这里的古人已经学会了纺织，但是由于这里截至目前还没有发掘出土史前的纺织品实物，所以并不能很清楚地了解史前湖北地区的纺织水平究竟如何。另外，京山屈家岭、天门石家河大量素面纺轮和彩陶纺轮的发现更是给湖北地区乃至整个中国的纺织史增添了不少的神秘色彩。因此，探究湖北地区纺轮的具体形状、规格的变化，对这一片地区的史前纺织技术发展的了解显得尤为重要，也能为我国纺织史的研究提供有益的参考和借鉴。

根据新石器时代湖北地区不同文化阶段的时间先后顺序，选取了城背溪文化（距今7000~8000年）、大溪文化（距今6000年左右）、屈家岭文化（距今5200年左右）、石家河文化（距今4500年左右）阶段的纺轮进行了统计。在中国知网数据库的《考古》《考古学报》《文物》《江汉考古》《考古与文物》等期刊中，笔者搜索到关于湖北地区纺轮的考古发掘报告120余篇。由于这120余篇考古报告有的不能具体确定纺轮所属的年代，又或者并没有具体说明纺轮的数量、形状、大小、厚度，所以可

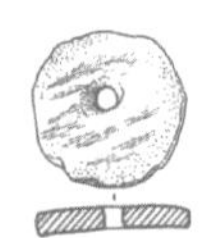

统计到的纺轮相关数据不甚全面，如表2-35所示。其中，除在襄樊枣阳[105]发现了一件大溪文化阶段的石纺轮外，其余均为陶纺轮。

表2-35 湖北地区可统计的不同文化阶段的纺轮数量

类别	城背溪文化	大溪文化	屈家岭文化	石家河文化
可统计的总数/个	1	61	520	761
形状可统计的纺轮数量/个	1	61	520	761
直径可统计的纺轮数量/个	1	31	123	331
厚度可统计的纺轮数量/个	1	14	72	278
直径和厚度同时可统计的纺轮数量/个	1	14	72	278

一、湖北地区纺轮形状的发展与规律

纺轮出现之初，其形状并不是多样的，根据第三章统计可知，正如曾抗[106]所述，最初的纺轮形状为打制或者磨制的圆饼形。在湖北地区最早的城背溪文化阶段，仅在宜都城背溪[107]发现了新石器时代早期的一枚规整陶制圆饼形纺轮，直径为3.6cm，厚度为1.7cm（图2-43）。城背溪烧制的规整形状纺轮的发现，在一定程度上说明了湖北地区的纺轮发展可能先于磁山文化和裴李岗文化。

湖北地域范围内纺轮的形状随着文化阶段的变化也在变化，如表2-36所示。从表中可以看出，湖北地区最晚在大溪文化阶段开始出现各种形状的纺轮，有圆饼形（棱边和弧边）、圆台形及算珠形，且有的纺轮呈现出双面内凹或者单面内凹的表面结构。碾轮形和圆台形下部凸出起棱的纺轮是湖北地区大溪文化阶段的专属形态纺轮，因为这两种纺轮在后期的屈家岭文化和石家河文化阶段都没有被发现。到了屈家岭文化阶段，开始出现圆孔凸出的纺轮，且这种纺轮形态一直持续到石家河文化阶段。同时，在屈家岭文化阶段开始出现一面平、另一面鼓的馒头形纺轮。随着时间的推移，圆饼形、圆台形、算珠形纺轮的数量明显多于其他形状的纺轮，其次才是馒头形纺轮。湖北地区并未发现“工”字形和倒“T”字形纺轮。

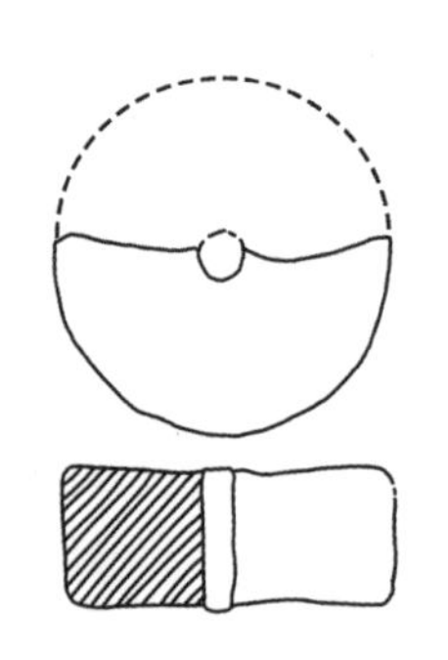

图2-43 宜都城背溪遗址发掘的纺轮截面示意图

表2-36 湖北地区不同文化阶段纺轮形状

文化阶段	圆饼形			算珠形			圆台形		碾轮形	馒头形
	直边	弧边	折棱边	较规整算珠形	椭圆形	菱形		下部凸出起棱		
城背溪文化		—	—	—	—	—	—	—	—	—
大溪文化		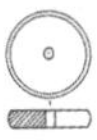	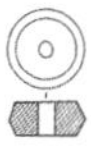	—	—	—	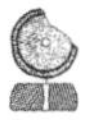			—
屈家岭文化				—	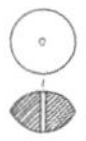		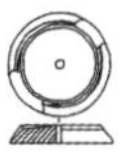	—	—	
石家河文化				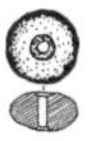	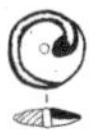	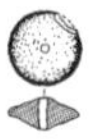		—	—	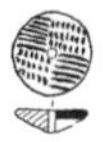

湖北地区的纺轮形状在该地区的不同区域也呈现出一定的特点。例如，史前宜昌地区的纺轮形状主要集中为圆台形，占当地发掘量的32%。而天门地区的纺轮几乎全部是圆饼形，特别是在天门肖家屋脊发现的石家河文化期间的纺轮，均为细泥圆饼形[108]，只是有的圆饼形纺轮中心孔周凸起。除恩施、随州及其他未发现纺轮的地区外，湖北其他地区的纺轮形状相对多样化。不同地区纺轮形状出现差异性的原因可能是，不同地域对于纺轮的认识程度不同或者与纺纱类别有关。

二、湖北地区纺轮直径的发展与规律

纺轮的形状随着时代进步和人类智慧的创造从单一化向多样化发展，纺轮的大小也在改变。湖北地区最早发现的纺轮直径为3.6cm，到了大溪文化阶段纺轮的数量已经开始增加，直径大小不一。到了城背溪文化阶段，目前仅在湖北宜都城背溪发现一枚中型纺轮，这从一定程度上反映了当时湖北地区的纺织业并不发达。到了大溪文化阶段，纺轮数量开始增加。到了屈家岭文化阶段和石家河文化阶段，纺轮数量迅速上升，湖北各地区几乎均有纺轮出土，数量也直线上升，且纺轮的直径大小也在变化。说明当时的手工纺织业也开始迅速发展。整个史前阶段纺轮的直径分布范围为2~9cm，主要分布区间为3~5cm。其中2cm左右的小型纺轮和9cm以上的大型纺轮（文中定义直径在5cm以上的为大型纺轮，直径4~4.9cm的为中型纺轮，直径

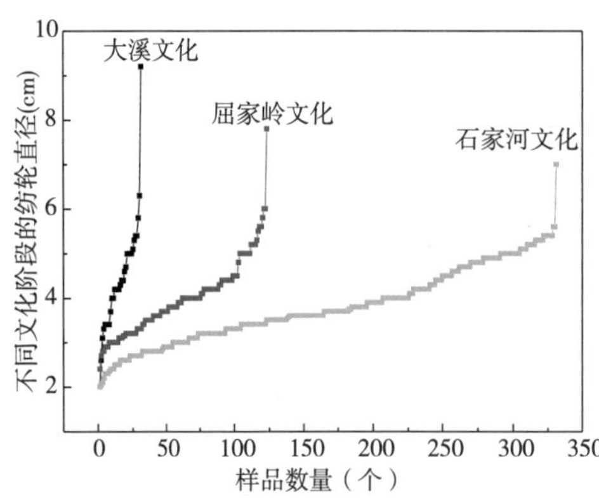

图2-44　湖北地区不同文化阶段的纺轮直径

3.9cm及以下的为小型纺轮）偶有发现（图2-44）。

纺轮直径范围的集中度随着时代的演进而一直在变化。在湖北地区不同文化阶段的不同直径范围的纺轮数量在统计数量中所占比例，如表2-37所示。在大溪文化阶段，纺轮直径的分布并不那么集中，大、中、小型纺轮所占比例差别并不明显，大、中、小型纺轮都分别占统计量的30%左右，中大型纺轮占71%。而到了屈家岭文化阶段，小型纺轮的比例从大溪文化的29%增长到了50.4%，增长了21.4%。在石家河文化阶段，小型纺轮所占比例约为62%，完全取代了大溪文化阶段中大型纺轮的比例。这说明了纺轮的整体发展模式是从大中型向小型转化。这种转化不是简单的取代，而是在实际生产生活中先民从更多地使用大中型纺轮向更多地使用小型纺轮转化。且在湖北地区的整个史前时期，直径大于6cm的纺轮并不多，并不像有些学者说的较早时期的纺轮直径均在6cm以上[71, 82, 107]那样。需要特别指出的是，在天门谭家岭[108]发掘的150多枚石家河文化期间的纺轮中，大型纺轮占比较大，直到石家河文化时期小型纺轮的比例才增加。这可能与不同区域之间的发展差异性有关，所以虽然石家河文化阶段小型纺轮的比例在增加，但是其增加趋势并不是那么明显（图2-45）。

表2-37　湖北地区不同文化阶段的不同直径范围纺轮所占比例

序号	文化阶段	统计数量/个	不同直径范围的纺轮所占比例/%				
			2.0~2.9cm	3.0~3.9cm	4.0~4.9cm	5.0~5.9cm	>6.0cm
1	城背溪文化	1	0	100.0	0	0	0
2	大溪文化	31	6.5	22.5	35.5	29.0	6.5
3	屈家岭文化	99	6.5	43.9	34.2	13.8	2.4
4	石家河文化	73	16.3	45.9	25.4	12.2	0.1

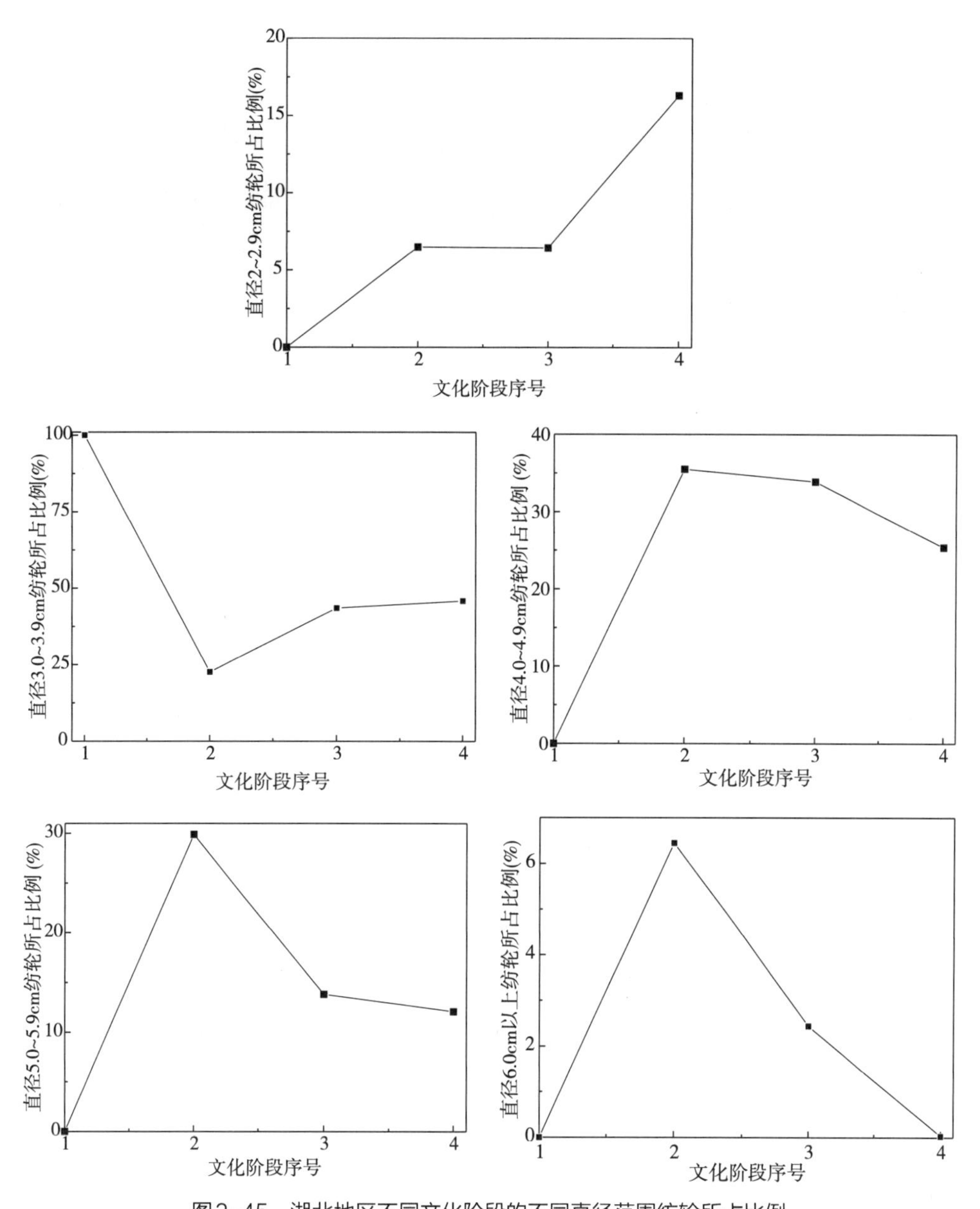

图2-45　湖北地区不同文化阶段的不同直径范围纺轮所占比例

三、湖北地区纺轮厚度的发展与规律

纺轮的厚度是纺轮重心的重要影响因素，重心的位置直接影响了纺轮的旋转稳定性。大小、形状相同的陶纺轮，厚度越小，重心越低，旋转稳定性越好，从而也能提高纺纱效率。相比于直径的变化幅度，纺轮厚度的变化幅度较大。从最薄的0.1cm变化到9cm，波动范围达到了两个数量级（图2-46）。从考古发掘的文物

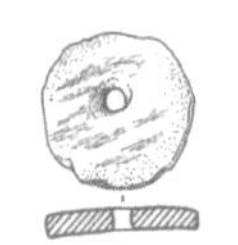

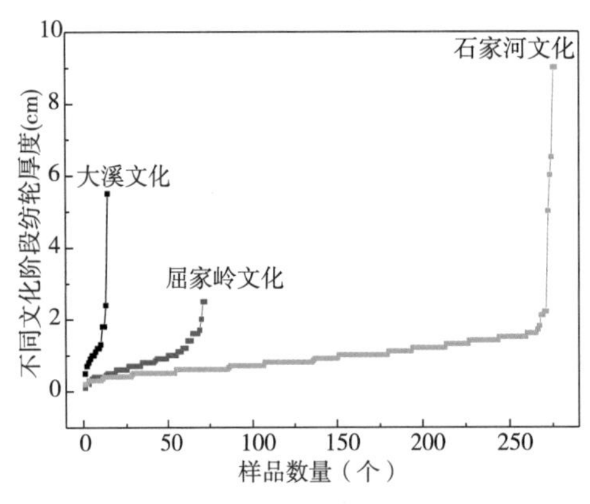

图2-46 湖北地区不同文化阶段的纺轮厚度

中可以看出，湖北地区较厚的纺轮在宜昌[109]、襄阳[105]偶有出现，在大溪文化阶段，纺轮的厚度多为1~2cm。随着时间的推移，到屈家岭文化阶段纺轮的厚度徘徊在0.1~1.5cm；到石家河文化阶段，基本维持在1cm以下。其间虽然也有较厚纺轮的出现，但是纺轮厚度整体呈现出慢慢变薄的趋势，且到后期基本稳定在1cm以下。

四、湖北地区纺轮孔径的发展与规律

不同直径的纺轮，孔径也不尽相同。同整个新石器时代纺轮的孔径变化一样，湖北地区纺轮的孔径在宏观上看并没有随着直径的增大而增大（图2-47）。同一直径的纺轮，孔径变化也较多，如直径为3cm的纺轮，孔径从0.3~0.7cm变化不等。湖北地区纺轮孔径的变化范围较大，从0.2~1.5cm变化不等，且主要集中在0.3~0.5cm。

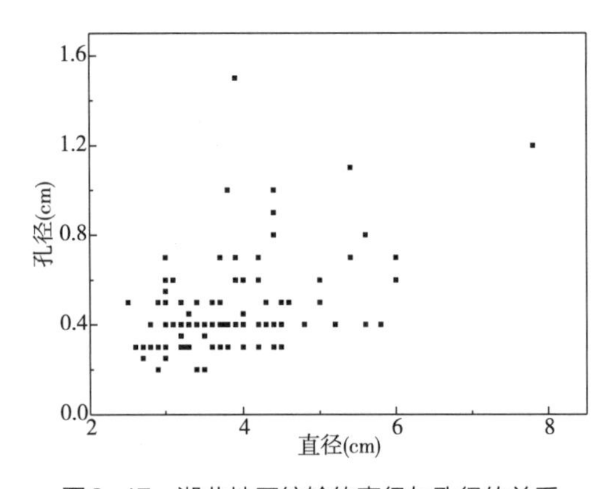

图2-47 湖北地区纺轮的直径与孔径的关系

五、湖北地区纺轮直径和厚度的关系

考古发掘的纺轮的直径和厚度随着时代的变迁一直在改变，但是直径和厚度两者的关系也是探寻的要点。纺轮的直径和厚度之间并不存在线性关系（图2-48）。史前时期的湖北地区虽然也有较厚纺轮的出现，但是绝大部分都集中在2cm以下，且直径在5cm以上的纺轮的厚度多集中在1cm以上，直径4cm以下的纺轮厚度则集中在1cm以下。

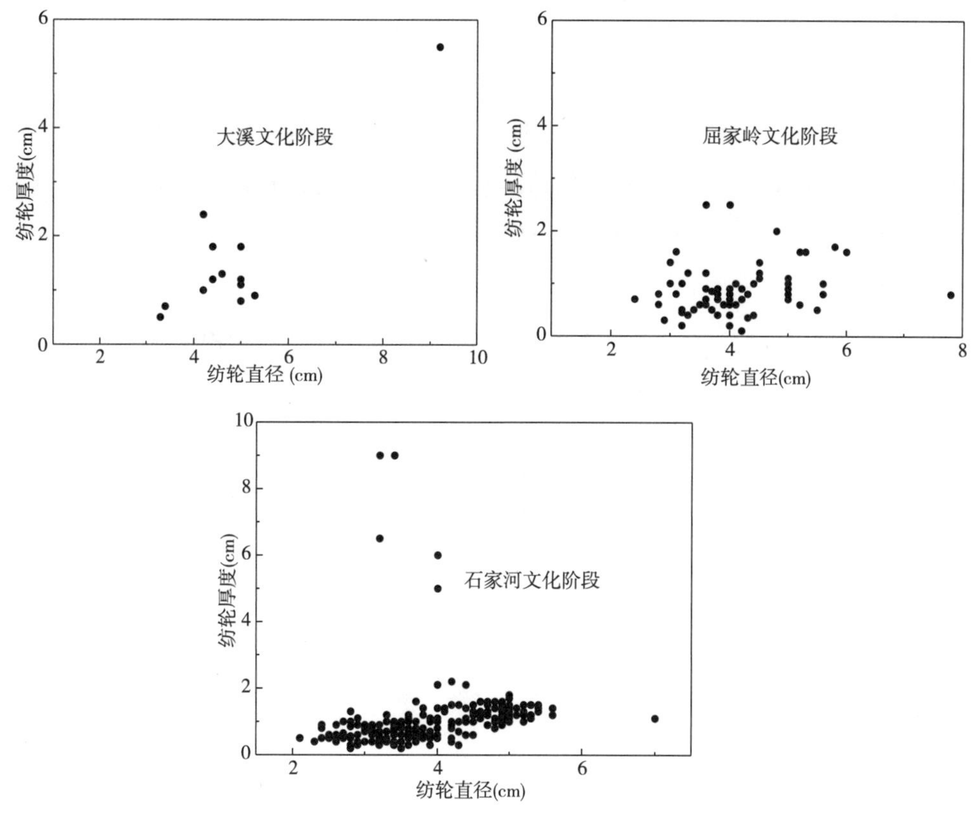

图2-48　湖北地区不同文化阶段的纺轮直径与厚度的关系

六、湖北地区纺轮的空间分布和时间分布

（一）湖北地区纺轮的空间分布

某一地区有纺轮发现说明该地区的纺织业已经发展到一定程度。纺轮的大量发现说明史前的纺织手工业已经开始了集中生产。天门、荆门、襄阳、黄冈、武汉地区发现的纺轮数量明显多于湖北其他地区（图2-49），特别是天门地区的纺轮数量达到了900多枚。而在湖北咸宁、神农架、潜江、仙桃、鄂州地区暂未发现纺轮，在随州、黄石、恩施地区发现的纺轮很少。纺轮在史前阶段是被普遍使用的纺织工具，因此可以推断纺轮发掘较少地区的纺织文明

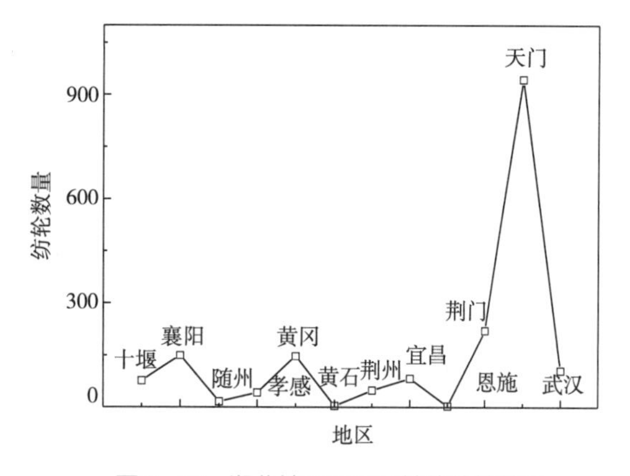

图2-49　湖北地区不同区域的纺轮数量

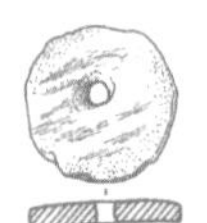

水平相对落后，该地区鲜有人定居或者无人定居。纺轮的区域分布特点可以作为推断当时各地区的纺织发展状况及人员定居和经济发展水平的论据之一。

不同地域的纺轮的直径和厚度范围差别不大，如表2-38所示。除了恩施、十堰地区出现了直径在2.5cm以下的纺轮，其他地区的纺轮直径基本都大于3cm。武汉、天门、荆门地区出土的纺轮厚度都小于2cm，且直径均在3cm以上。其中也有特例，如在宜昌地区发现的纺轮中，直径最大的达到了13cm，在襄阳牌坊岗[105]发现了7件石家河文化晚期厚度为5~9cm的纺轮。这些大致相同及微妙差异说明纺轮在整个湖北地区的发展相对统一，同时也显示出史前纺纱具有一定的地域特点。

表2-38 湖北各市出土的纺轮的直径和厚度范围

地区	可统计纺轮数量/个	纺轮直径/cm	纺轮厚度/cm
十堰	76	2.1~4.5	0.1~2.5
襄阳	149	2.4~8.0	0.1~2.6（厚度有5.0~9.0）
随州	16	3.2~6.4	0.3~3.2
孝感	42	3.4~5.5	0.2~3.4
黄冈	147	3.0~8.7	0.5~3.5
黄石	4	2.9~4.6	0.5~3.9
荆州	48	2.2~9.2	0.5~5.5
宜昌	82	2.0~4.8（有一个13.0）	0.7~3.2
恩施	3	2.1~6.1	0.5~2.5
荆门	221	2.9~5.6（有一个7.8）	0.3~1.4
天门	943	3.0~5.0	0.1~1.6
武汉	105	3.2~6.7	0.5~1.7

（二）湖北地区纺轮的时间分布

湖北地区在城背溪文化阶段，经济并不发达，该阶段的纺轮仅一枚。屈家岭文化阶段和石家河文化阶段的纺轮数量很多，是纺轮发展的鼎盛时期。在屈家岭文化阶段，出土大量纺轮的遗址较多，说明在此阶段纺轮纺纱已经开始了集中化生产。在这个阶段，纺轮的形状也较多，特别是彩陶纺轮的大量出现更加显示了纺轮在当时的受重视程度。在不同历史时期，不同直径、厚度的纺轮均有出现，如表2-39所示。从表中可以看出，纺轮的数量到了夏朝才突然减少，而不是刘德银[82]所述的在石家河文化阶段湖北地区的纺轮就已经开始减少。纺轮在湖北地区的这种发展趋势跟李约瑟[41]在《中国科学技术史》中所论述的中国地区的纺轮发展趋势正好吻合。

表2-39 湖北地区纺轮的时间分布

纺轮参数	城背溪文化阶段	大溪文化阶段	屈家岭文化阶段	石家河文化阶段	夏	商	周	春秋战国	秦汉	汉以后
距今时间/年	7000	5000~6000	4600~5000	4000~4600	3615~4085	3061~3615	3061~3615	2236~3061	1895~2236	
数量	1	61	520	761	27	55	51	49	29	4
纹饰	无	无	多	有	有	有	无	有	有	无
直径/cm	3.6	2.0~9.0	2.4~7.8	2.2~5.4	2.8~4.2	2.6~4.4	2.0~7.5	3.1~8.0	2.4~8.4	4.0~13.0
厚度/cm	1.3	0.5~5.5	0.1~2.5	0.1~9.0	0.6~3.2	0.5~2.4	0.4~3.5	0.8~3.8	0.6~2.5	1.2~2.5
孔径/cm	不详	0.4	0.2~0.5	0.3~0.4	0.5	0.3~1.0	0.4~1.0	0.4~1.1	0.4~0.7	不详

（三）湖北地区纺轮与其他地区的对比

纺轮在各个地区均有发现，如浙江、山东、湖南，甚至边疆地区等都有数量不等的纺轮出土。不同地区的纺轮直径和厚度，如表2-40所示。

表2-40 不同地区的纺轮直径和厚度

地区	纺轮			
	直径/cm	厚度/cm	孔洞/cm	质量/g
全中国（李约瑟）[41]	2.6~11.2	0.4~3.2	0.4~1.2	12.0~100.0
浙江[34]	2.0~8.0	0.3~4.0	0.3~1.4	5.0~120.0
湖南[1]	2.3~9.4	0.3~1.4	—	—
山东[36]	2.1~10.8	0.4~6.5	—	—
内蒙古庙子沟、大坝沟[24]	4.1~9.0	0.8~1.1	0.5~1.3	—
新疆楼兰古城遗址[100]	4.5~7.0	0.7~1.5	—	—
湖北	2.1~13.0	0.1~3.9，襄阳还出现5~9.0厚度的纺轮	0.2~1.8	—

从表中可以看出，内陆地区与边疆地区的纺轮直径分布存在显著差异。新疆、内蒙古等地区盛产羊毛，当地出土的纺轮直径多集中在4cm以上，因此推断直径为

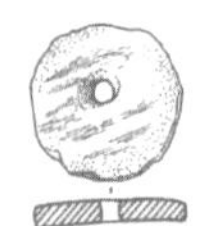

4cm以上的纺轮适合纺羊毛[24，100]。另外，通过对比湖北地区与浙江、湖南及李约瑟统计的全中国地区的纺轮直径、厚度分布范围，发现湖北地区的纺轮特点基本能反映整个内陆地区的纺轮分布趋势，它们在直径、厚度、孔径上的差异都不大。也就是说纺轮的地域发展具有一定的普遍性，同时由于生产特点及生活习性的关系也存在一定的个性差异。

○ 本章小结

纺轮从出现到大量使用再到淘汰，经历了漫长的过程，跨越了几乎整个新石器时代，其主要集中在新石器时代中晚期，历时约8000年。纺轮的大小、质量在新石器时代各个文化阶段也一直在变化。其直径变化范围为2~16cm，厚度变化范围为0.2~9cm，孔径变化范围为0.3~4cm，质量变化范围为5~120g。目前考古发现的新石器时代的纺轮材质有六种。其中石、陶纺轮是发现数量最多的纺轮，特别是陶纺轮。纺轮形状划分为七大类，圆饼形、圆台形、算珠形、馒头形、“工”字形、“凸”字形、碾轮形。

陶纺轮的形状主要集中在圆饼形、圆台形和馒头形，特别是圆饼形最多。不同的文化阶段或者同一文化阶段的不同地域的纺轮也会存在一定的个性特点。例如，新石器时代晚期偏晚阶段，良渚文化的纺轮多为圆台形，龙山文化的纺轮多为圆饼形。史前宜昌地区的纺轮形状集中为圆台形。

整个新石器时代中晚期纺轮直径的变化在黄河流域和长江流域存在明显的差别。在黄河流域，纺轮直径的发展趋势为大型纺轮在整个新石器时代阶段的纺轮总数中所占比例一直处于上升阶段，且大中型纺轮所占比例较大，特别是到了新石器时代偏晚阶段，大型纺轮所占比例增加到了58.7%。而长江流域纺轮直径的发展趋势为从大中型向小型转变，到了石家河文化阶段，小型纺轮的比例增加到了57.9%。这种转化不是简单的取代，而是在实际使用中，先民从更多地使用大中型纺轮向更多地使用小型纺轮转化。各地区出土纺轮直径分布显示出微妙的差异，这说明各地区的纺纱具有一定的地域特点。纺轮的直径、孔径、厚度不存在明显的关系。

长江流域纺轮捻杆与纺轮的质量比随着年代的变化呈下降的趋势，到了屈家岭与石家河阶段基本稳定在0.12k~0.14k。同时间段内，黄河流域的捻杆与纺轮质量比大于长江流域。湖北地区的纺轮特点在一定程度上能反映整个内陆地区的纺轮发展趋势。

参考文献

[1] 袁建平. 湖南出土新石器时代纺轮、纺专及其有关纺织问题探讨[J]. 湖南省博物馆馆刊,2013(00):125-138.

[2] 曲守成. 纺轮——原始的纺绩工具[J]. 学习与探索,1981(2):144-145.

[3] 陈剩勇. 长江文明的历史意义[J]. 史林,2004(4):119-122.

[4] 陈忠海. 中国的“两河文明”[J]. 中国发展观察,2017(11):63-64.

[5] 张绪球. 屈家岭文化[M]. 北京:文物出版社,2004:17.

[6] 中国社会科学院考古研究所河南一队. 1979年裴李岗遗址发掘报告[J]. 考古学报,1984(1):23-52.

[7] 中国社会科学院考古研究所河南一队. 1979年裴李岗遗址发掘简报[J]. 考古,1982(4):337-340.

[8] 信应君,胡亚毅,张永清,等. 河南新郑市唐户遗址裴李岗文化遗存2007年发掘简报[J]. 考古,2010(5):3-23.

[9] 河南省文物考古研究所. 河南辉县孟庄遗址的裴李岗文化遗存[J]. 华夏考古,1999(1):1-6.

[10] 杨肇清. 河南密县莪沟北岗新石器时代遗址发掘报告[J]. 河南文博通讯,1979(3):30-41.

[11] 孙德海,刘勇,陈光唐. 河北武安磁山遗址[J]. 考古学报,1981(3):303-338.

[12] 邯郸市文物保管所,邢郸地区磁山考古队短训班. 河北磁山新石器遗址试掘[J]. 考古,1977(6):361-372.

[13] 浙江省文物管理委员会,浙江省博物馆. 河姆渡遗址第一期发掘报告[J]. 考古学报,1978(1):39-93.

[14] 浙江省文物考古研究所,萧山博物馆. 浦阳江流域考古报告之一:跨湖桥[M]. 北京:文物出版社,2004:77.

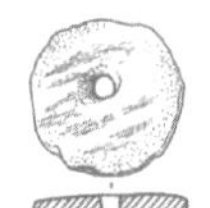

[15] 中国科学院考古研究所，陕西省西安半坡博物馆. 西安半坡[M]. 北京：文物出版社，1963:81.

[16] 福建省文物管理委员会. 福建福清东张新石器时代遗址发掘报告[J]. 考古，1965(2):49-79.

[17] 江西省文物管理委员会. 江西清江营盘里遗址发掘报告[J]. 考古，1962(4):172-181.

[18] 青海省文物管理处考古队，中国科学院考古研究所青海队. 青海乐都柳湾原始社会墓地反映出的主要问题[J]. 考古，1976(6):366.

[19] 湖北省荆州博物馆，等. 天门石家河考古发掘报告之一：肖家屋脊(上册)[M]. 北京：文物出版社，1999:52-55.

[20] 广东省博物馆，曲江县文化局石峡墓发掘小组. 广东曲江石峡墓葬发掘简报[J]. 文物，1978(7):4-5.

[21] 河南省文化局文物工作队. 河南唐河寨茨岗新石器时代遗址[J]. 考古，1963(12):641-667.

[22] 吴卫. 昙石山遗址出土纺轮研究(上)[J]. 文物春秋，2015(1):15-20.

[23] 湖南省文物考古研究所. 澧县城头山——新石器时代遗址发掘报告(中)[M]. 北京：文物出版社，2007:461-648.

[24] 汪英华，吴春雨. 内蒙古庙子沟、大坝沟遗址出土纺轮的分析与探讨[J]. 草原文物，2013(1):91-95.

[25] 中国社会科学院考古研究所. 庙底沟与三里桥(黄河水库考古报告之二)[M]. 北京：文物出版社，2011:25-231.

[26] 郑永东. 浅谈纺轮及原始纺织[J]. 平顶山师专学报：社会科学，1998，13(5):71-72.

[27] 山东省文物管理处，济南市博物馆. 大汶口：新石器时代墓葬发掘报告[M]. 北京：文物出版社，1974: 276.

[28] 河南省开封地区文物管理委员会. 裴李岗文化[M]. 开封：河南第二新华印刷厂，1979:7.

[29]《中国通史》编委会. 中国通史(第一卷)[M]. 长春：吉林大学出版社，2009:17.

[30] 乔登云，刘勇. 磁山文化：河北考古大发现[M]. 石家庄：花山文艺出版社，2006:91.

[31] http://sucai.redocn.com/yishuwenhua_7277603.html.
[32] 蒋乐平. 跨湖桥文化研究[M]. 北京:科学出版社,2014.
[33] 施加农. 跨湖桥文化被正式命名[J]. 杭州文博,2005(1):82-83.
[34] 龙博,赵晔,周旸,等. 浙江地区新石器时代纺轮的调查研究[J]. 丝绸,2013,50(8):6-12.
[35] https://baike.baidu.com/item/%E5%8C%97%E8%BE%9B%E6%96%87%E5%8C%96/7847222.
[36] 王迪. 新石器时代至青铜时代山东地区纺轮浅析[D]. 济南:山东大学, 2009.
[37] 中国社会科学院考古研究所. 山东王因:新石器时代遗址发掘报告[M]. 北京:科学出版社,2000:36.
[38] 涂磊. 仰韶文化[J]. 青春期健康,2013:22.
[39] 李友谋. 试论半坡和庙底沟类型文化的相互关系[J]. 中州学刊,1985(3):110-114.
[40] 巩启明. 仰韶文化[M]. 北京:文物出版社,2002:95.
[41] JOSEPH N. Science and civilization in China (Vol 5-9): chemistry and chemical technology, textile technology spinning and reeling [M]. New York: Cambridge University Press, 1998: 60,147.
[42] 张雪莲,仇士华,钟建,等. 仰韶文化年代讨论[J]. 考古,2013(11):84-104.
[43] 陕西省考古研究院,渭南市文物旅游局,华县文物旅游局. 华县泉护村——1997年考古发掘报告[M]. 北京:文物出版社,2014: 64-231.
[44] 樊温泉. 河南三门峡市庙底沟遗址仰韶文化H9发掘简报[J]. 考古,2011(12):23-46.
[45] 吕珊雁. 河姆渡:稻香飘过七千年[J]. 农村. 农业. 农民(A版),2016(1):59-60.
[46] 浙江省文物考古研究所. 河姆渡:新石器时代遗址考古发掘报告[M]. 北京:文物出版社,2003:1-149.
[47] 刘军. 河姆渡文化[M]. 北京:文物出版社,2006:13-79.
[48] 史红玲. 西南卡普多元价值评价与保护传承研究[D]. 武汉:华中师范大学,2017.
[49] 张绪球,何德珍,王运新. 试论大溪文化陶器的特点[J]. 江汉考古,1982(2):13-19.
[50] 代玉彪,白九江. 重庆市巫山县大水田遗址大溪文化遗存发掘简报[J]. 考古,

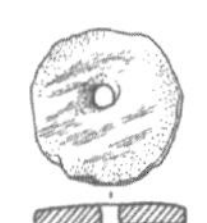

2017(1):42-60.

[51] 范桂杰,胡昌钰. 巫山大溪遗址第三次发掘[J]. 考古学报,1981(4):461-490.

[52] 张绪球,何德珍,王运新. 湖北王家岗新石器时代遗址[J]. 考古学报,1984(2):193-220.

[53] https://baike.baidu.com/item/大汶口文化/429230?fr=aladdin.

[54] 吕凯,朱超,孙波. 山东泰安市大汶口遗址2012-2013年发掘简报[J]. 考古,2015(10):7-24

[55] http://www.sohu.com/a/163269938_695096.

[56] http://blog.sina.com.cn/s/blog_4948f92e0100cppq.html.

[57] 丁品,林金木,方忠华,等. 浙江余杭星桥后头山良渚文化墓地发掘简报[J]. 南方文物,2008(3):31-49.

[58] 赵晔. 浙江余杭上口山遗址发掘简报[J]. 文物,2002(10):57-66.

[59] 祁国钧. 试论屈家岭文化的类型与相关问题[J]. 江汉考古,1986(4):49-59.

[60] 王善才. 湖北京山朱家咀新石器遗址第一次发掘[J]. 考古,1964(5):215-219.

[61] 肖元达,王然,向绪成. 湖北宜城曹家楼新石器时代遗址[J]. 考古学报,1988(1):51-73.

[62] 张云鹏,王劲. 湖北石家河罗家柏岭新石器时代遗址[J]. 考古学报,1994(2):191-229.

[63] 张云鹏. 湖北京山、天门考古发掘简报[J]. 考古通讯,1956(3):11-21

[64] 中国科学院考古研究所. 京山屈家岭[M]. 北京:科学出版社,1965.

[65] 姚超益. 石家河文化与天门文物[M]. 武汉:长江出版社,2007:5.

[66] 石家河考古队. 天门石家河考古发掘报告之三:谭家岭[M]. 北京:文物出版社,1999:61-300.

[67] https://baike.baidu.com/item/龙山文化/33606?fr=aladdin.

[68] 魏坚. 庙子沟与大坝沟:新石器时代遗址发掘报告[M]. 北京:中国大百科全书出版社,2003.

[69] https://baike.baidu.com/item/%E6%98%99%E7%9F%B3%E5%B1%B1%E6%96%87%E5%8C%96.

[70] 贝格曼. 新疆考古研究[M]. 乌鲁木齐:新疆人民出版社,1997.

[71] 李强,李斌,李建强. 中国古代纺专研究考辨[J]. 丝绸,2012,49(8):57-64.

[72] 刘昭瑞.论新石器时代的纺轮及其纹饰的文化内涵[J].中国文化,1995(1):144-153.

[73] 湖南省文物考古研究所,常德市文物处,安乡县文物管理所.湖南安乡划城岗遗址第二次发掘报告[J].考古学报,2005(1):55-114.

[74] 代玉彪,白九江. 重庆市巫山县大水田遗址大溪文化遗存发掘简报[J]. 考古,2017(1):42-60.

[75] 范桂杰,胡昌钰. 巫山大溪遗址第三次发掘[J]. 考古学报,1981(4):461-490.

[76] 何标瑞.靖安出土带图形的陶纺轮[J].江西文物,1990(4):48.

[77] 张志华,梁长海,张体鸽,等.河南平粮台龙山文化城址发现刻符陶纺轮[J].文物,2007(3):48-49.

[78] 尹焕章,张正祥,纪仲庆. 江苏邳县四户镇大墩子遗址探掘报告[J]. 考古学报,1964(2):9,56,205-222.

[79] 南京博物院. 江苏邳县大墩子遗址第二次登掘[C]//考古学集刊,北京:中国社会科学出版社,1981.

[80] 石河考古队. 湖北省石河遗址群1987年发掘简报[J]. 文物,1990(8):1-20.

[81] 南京博物院. 江宁汤山点将台遗址[J]. 东南文化,1987(3):38-50,146-147.

[82] 刘德银. 论江汉地区新石器时代出土的陶纺轮[C]. 湖北考古学论文集(二),1991.

[83] 青海省文物管理成考古队、中国社会科学院考古研究所. 青海柳湾[M]. 北京:文物出版社,1984.

[84] 山东省博物馆,山东省文物考古研究所. 邹县野店[M]. 北京:文物出版社,1985.

[85] 南京博物院. 江苏武进寺墩遗址的试掘[J]. 考古,1981(3):193-200,289-290.

[86] 李家和,杨巨源,刘诗中,等. 再谈樊成堆—石峡文化——二谈江西新石器晚期文化[J]. 东南文化,1989(3):156-173.

[87] 安徽省文物考古研究所,含山县文物管理所. 安徽含山大城墩遗址第四次发掘报告[J]. 考古,1989(2):103-117,193.

[88] 山东大学历史系考古专业. 山东泗水尹家城第一次试掘[J]. 考古,1980(1):11-17,31,99.

[89] 吕凯,朱超,孙波. 山东泰安市大汶口遗址2012~2013年发掘简报[J]. 考古,2015(10):7-24.

[90] 梁白泉. 陶纺轮·八角纹·滕花和花勝[J]. 江苏地方志,2005(2):35-37.

[91] 赵李娜. 新石器时代纺轮纹饰与太阳崇拜[J]. 民族艺术,2014(3):146-150.

[92] 蔡运章. 屈家岭文化的天体崇拜——兼谈纺轮向玉璧的演变[J]. 中原文物,1996(2):47-49.

[93] 苏小燕. 中国古代纺织工具造物思想及美学特征[J]. 艺术与设计(理论),2008(3):202-204.

[94] 程刚. 钱币史[M]. 沈阳:辽宁少年儿童出版社,2002.

[95] FURUSAWA Y. A study on the prehistoric spindle-whorls in the Russian South Primorye and its neighborhoods: from the neolithic age to the early Iron Age, anonymity (Ed.), the environment changes[D]. Kumamoto: Kumamoto university,2007:86-109.

[96] 王迪. 是不是纺轮——人类学视角下纺轮状器物的多种用途[J]. 民俗研究,2014(1):89-92.

[97] 赵承泽. 中国科学技术史(纺织卷)[M]. 北京:科学出版社,2002:160-161.

[98] 刘牧歌,李彦鑫,李冠楠. 小型陀螺设计加工研究[J]. 设备管理与维修,2018(12):149-150.

[99] 李遇春. 新疆民丰县北大沙漠中古遗址墓葬区东汉合葬墓清理简报[J]. 文物,1960(6):9-12.

[100] 戴良佐. 新疆古纺轮出土与毛织起始[J]. 新疆地方志, 1994(2):42-43.

[101] 程应林,刘诗中. 江西贵溪崖墓发掘简报[J]. 文物,1980(11):1-25.

[102] 芮国耀. 余杭瑶山良渚文化祭坛遗址发掘简报[J]. 文物,1988(1):32-51.

[103] 韩翔,等. 尼雅考古资料[M]. 乌鲁木齐:新疆社会科学院知青印刷厂,1988.

[104] http://www.cuzhiwang.com/forum.php? mod=viewthread & tid=7938 & highlight=%B7%C4%D7%A8.

[105] 襄樊市考古队. 襄樊市牌坊岗新石器时代遗址发掘简报[J]. 江汉考古,2007(4): 3-11.

[106] 曾抗. 中国纺织史话[M]. 合肥:黄山书社, 1997: 10.

[107] 湖北省文物考古研究所. 1983年湖北宜都城背溪遗址发掘简报[J]. 江汉考古,1996(4): 1-17.

[108] 湖北省荆州博物馆. 谭家岭[M]. 北京:文物出版社,2011.

[109] 李天元,祝恒富. 湖北宜昌杨家嘴遗址发掘简报[J]. 江汉考古,1994(1): 39-55.

第三章

纺轮发展演变的原因分析及纺纱实验验证

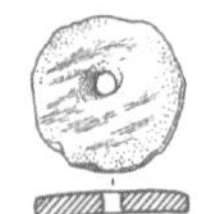

第一节

狭义设计概念（传统的造物理论）

作为高级动物的人类祖先，凭借在原始工具设计与制作上的丁点生存优势逐渐拉开了与其他动物的距离，从而在进化的道路上改变了我们的机遇[1]。著名考古学家张光直教授说："我们旧石器时代的祖先，他们的文化，尤其是美术、思想和意识形态的发达程度，远远比我们现在从极有限的考古资料中（通常只有少数的石器类型）所看到的要高得多，而我们对他们的文化水平常常低估。"原始人类对石器的造型、几何形状、角度、对称等因素的认识，也并不肤浅[2]。纺轮的发明和发展演变推动了整个人类社会的跨越式进步，它使人类的工具和衣着都得到了巨大的进步和改善。人类的创造力才是文明产生的最大驱动力[3]。纺轮的诞生和发展是纺织文明巨大的原动力，身处史前社会的先民们虽然没有留下姓名，但他们的贡献丝毫不亚于爱迪生或者贝尔[4]。

老子讲"人法地，地法天，天法道，道法自然"；庄子讲"天地与我并生，万物与我为一"；荀子在《天问》中写道"天行有常，不为尧存，不为桀亡"；《管子·五行》篇中说"人与天调，然后天地之美生"；这些都是指人类的行为要遵循自然法则。纺轮的设计也不例外，它是人类在遵循自然法则基础上的创造和发明。纺轮作为纺织技术出现的标志物[4]，其材质、形状、大小、厚度等的改变都是远古人类在成千上万次总结之后的结果，是智慧的结晶。纺轮是人工性物态化劳动产品，是"造物设计"的结果。纺轮这一"造物设计"是经过了"深思熟虑"后的创造，不是任意为之。

一、造物的动因

"需要是发明之母"，造物的动因是由于人和社会的需要，造物的最终目的就是满足人和社会的需要。社会发展有自己的客观规律，即“需要的上升规律”，人对需要的追求是无止境的，人永远在不断地追求更多、更好、更高级的需要。需要的增长同人口的增加和人们的生活方式的变化、生产力的发展密切相关。由于社会的发展，出现更为完善的满足需要的方法，还出现了新的需要。需要是人类活动的动力因素。

二、造物的过程

设计是通过视觉的形式传达计划和设想的活动过程，这就是广义的设计。人类通过劳动来改造世界、创造文明、创造物质财富和精神财富，而最基础、最主要的创造活动是造物[5]。

设计是一个思维的过程，是在对技术、材料、结构、形态等有机制约关系的理解，对物与环境的理解，对使用者的生理及心理需求的理解，以及对社会与经济发展历程和发展趋势理解的综合体现[6]，是一个创造性的综合信息处理过程。在对物的“使用”过程中不断地吸收和积累实践中获得的经验知识，再根据实践中的问题，有针对性地对物进行不断的完善和改进，这实际上是人的主观需求被完善和表达的过程。物的利用最大价值化，即简洁、好用，反映着人最本质的需求，这便是设计的起点与创造的动力。而“合理”设计的评价标准，是设计的本质之一。“合理”的概念有其客观性，包括人们对自然规律的研究，是认识与实践的矛盾统一[7]。柳冠中先生就曾明确指出“设计是协调人—物—环境三者关系的创造活动，设计的实质是创造合理的生存（使用）方式”[8]。为人服务是设计最根本的目的。

由于缺乏系统的理论指导，传统造物实际上是以手工业生产为基础的实践活动。其造物的发展主要依赖于实践经验积累过程中的世代口口相传，且通常边“设计”边生产，边生产边修正“设计”。“设计”的实际行为贯穿于造物活动的始终。造物活动不是以“物”的实际生产的开始为起始的，而是大大前移到从人们对当下之“物”功能需求的不满开始的[7]。正是因为这种不满足才产生了要创造新“物”来解决当下问题的想法，而这种没有被满足的功能需求正是新的造物活动的目标[8]。

所以造物设计的过程总结为一句话，即以为人更好地服务为基础，通过对人、物、环境综合信息处理后，经由实践过程中的口口相传不断对“物”进行改进的过程。

三、造物的结果

人类设计物的目的不是被设计的“物”，而是追求其“用”的价值，在于因“物”之“用”而被物改变的“事”，即创造更合情合理的使用方式。纺轮的设计和制造同样也在于成就纺轮之“用”，达到纺轮“物用”最大化的需求。同时通过纺轮之“用”的实现来协调人、自然、社会、文化、环境等之间的关系，满足人类对纺轮“情”和“理”的需求。由于当时生产力与生存条件限制，传统造物活动的效率比较低下，取材成器会较今天来说更加不易，因此在对待造物活动时会更加谨慎。

所以根据造物理论，纺轮的设计需求首先是建立在对自然规律的发现和利用的基础上的，必须包含认识与实践的矛盾统一。即在达到为人服务的最根本的目的的同时，还要协调人、物、环境三者的关系来进行纺轮的造物。例如，就材料的选择而言，石、陶纺轮的材质从大自然中获取相对容易，且密度要求符合物用的需求。受当时生产力与生存条件限制，取材成器的不易会使人类更加谨慎地选择纺轮设计的各项因素，所以纺轮的耐用性也是考量的重点。人类根据生产实践和口口相传，不断尝试通过改变纺轮的材质、形状、尺寸，达到最大化物用需求，即省时、省力、省心，也就是简单、高效率地完成高质量的纱线。知道了纺轮形制变化的动因，下面根据纺轮的物理旋转特性分析造物设计中材质、形状、大小等对其实用性，即转动和纺纱的影响。

第二节

纺轮的运动特点

一、转动轨迹

纺轮是靠其在一定时间内的持续转动来纺纱的。这个持续转动因为有剪切阻力、空气阻力等的作用，到一定时间后就会停止。纺轮转动过程中受惯性力F_a，剪切阻力F_b，空气阻力F_c作用（图3-1）。F_a、F_b、F_c均为随时间变化的函数，这些力的变化均与纺轮旋转的速度相关。但是纺轮速度的改变不仅与纺轮本身相关，而且同时与所纺纱的类别、纱线的捻度等相关。例如，剪切阻力随着纱线捻度的增加而增加，空气阻力随着速度的减小而减小。纺轮在纺纱过程中的受力并不是恒定的。

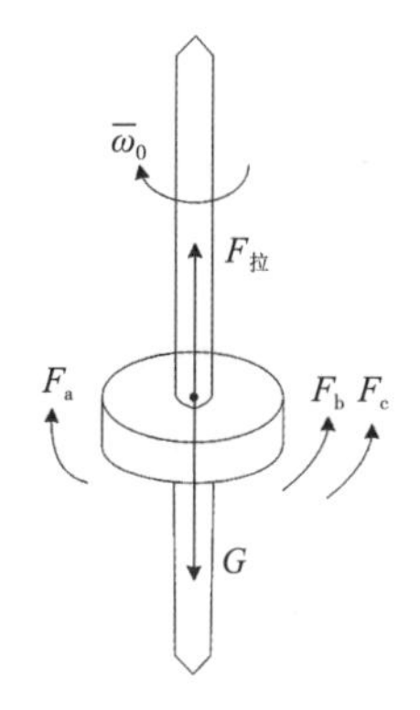

图3-1 纺轮受力分析

纺轮是依靠惯性旋转。当给纺轮一定的初始力矩，在惯性力的作用下，纺轮会持续运动一段时间。为了更确切地了解和认识纺轮的转动特点，笔者利用Phantom高速摄像机V711拍摄了纺轮在纺纱过程中的运动。通过截取纺轮在完成一个类圆周运动过程中的图片（图3-2），得出纺轮运动除了围绕着自身做自转运动外，还存在着一定的摆动，即公转（图3-3）。

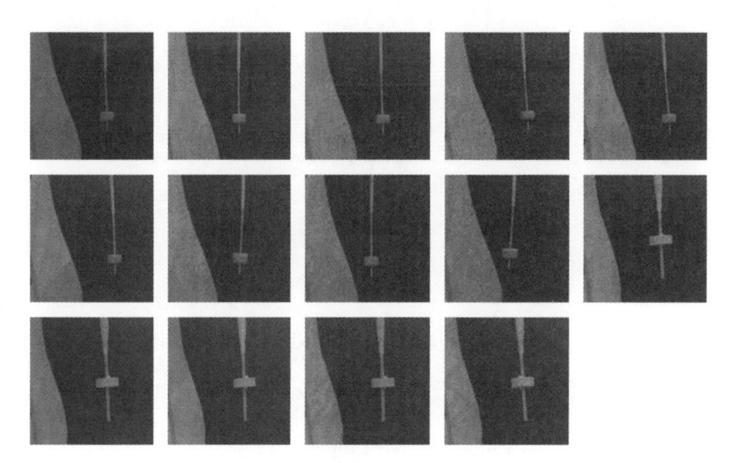
图3-2 高速摄像机拍摄纺轮运动

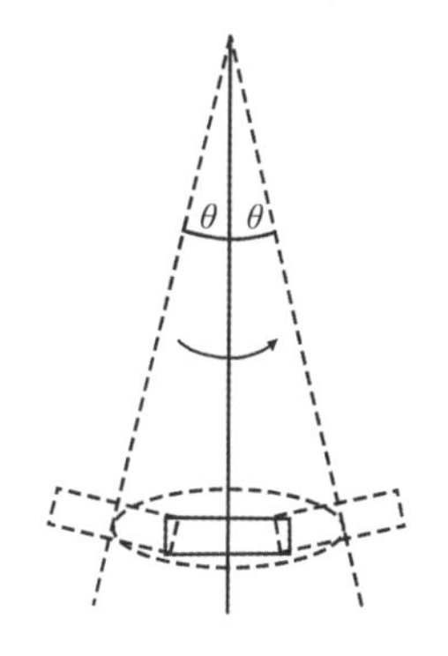

图3-3 纺轮转动示意图

二、转动速度与时间的关系

为了进一步弄清纺轮在旋转过程中转动速度随时间变化的关系，笔者自制了一个测速装置（图3-4）。该装置是基于stm32f103c8t6单片机的角速度测量装置及上位机的开发而制造的。目前，市场上测量小型旋转轴的角速度的传感器量程相对较小，普遍在300（°）/s上下，远远不能满足当前的需求。因此笔者开发了这种小型装置用于测量相对快速的旋转轴的角速度。下位机设计：主控stm32，数据通过mpu6050采集数存到Sram，上位机需要数据时，发送命令数据从Sram中读取出来，通过蓝牙传到上位机。上

图3-4 测量纺轮转速的测速装置

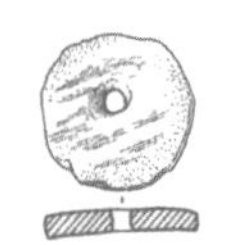

位机设计：接收下位机的数据并进行数据分析得出角速度。

给纺轮一定的初始力矩，测得纺轮的转速与时间的关系（图3-5）。从图中可以看出，当给纺轮一个初始力矩，纺轮在短时间内加速至最大速度，且到达最大速度后，纺轮开始减速并反方向回转。在实际操作过程中，是在纺轮的转动即将停止且纱线快要无力被加捻成形时，给纺轮再施加一个力矩，这样确保纺轮持续转动。纺轮的运动属于加速、匀速、减速再加速、匀速、减速的过程，具有间歇性。

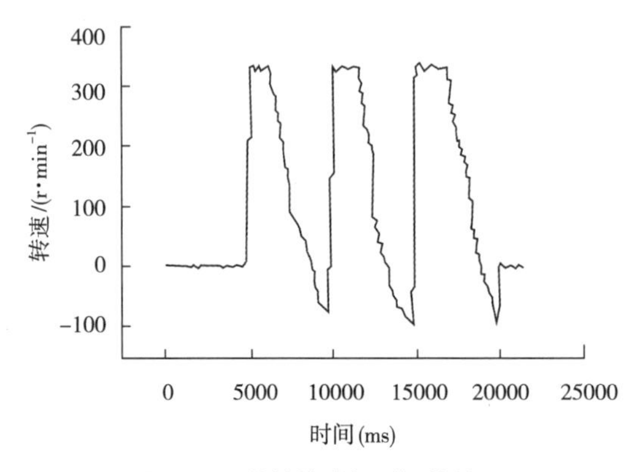

图3-5　纺轮转速与时间的关系

纺轮是靠惯性回转，连续时间不长，纺纱的动作又是间歇进行的，生产效率低，且纱上每片段长度所加的捻数难以控制。因此结合实际纺纱情况，总结纺轮的旋转具有以下几个特点：一是依靠重量惯性旋转；二是捻杆的转动轨迹分为自转和公转；三是纺轮的运动是一个加速、匀速、再减速的过程；四是由于人为因素的影响使纺轮每次的加速运动之间存在一定的差异性。正是因为这些特点的存在，它直接影响加捻的效率和成纱的质量（如纱线的粗细、捻度和均匀度等）。

三、定轴转动特性

纺轮是实心、密度较均匀的回转体。石、陶纺轮在外力作用下，形状和大小的变化甚微，因此在旋转的过程中都可以视为刚体。纺轮的旋转是依靠惯性力旋转。在远古的生产实践中，纺轮转动的中心轴并不是固定的，但是人们创造纺轮之初希望捻杆在转动过程中的位置和方向固定不动。为此将纺轮的力学过程理想化，最大化纺轮的工作效率，设置纺轮转动时中心轴的位置和方向不随时间而改变，将其工作过程视为刚体的定轴转动。

衡量刚体定轴转动的重要物理量是转动惯量和角速度。转动惯量是描述物体在转动中惯性大小的物理量。根据刚体的转动定律，转动惯量I的表达式如式（3–1）所示。

$$I=\int_m R^2dm=\int_V R^2\rho dV \tag{3–1}$$

式中：I为纺轮的转动惯量，g·cm^2；R为纺轮的半径，cm；m为纺轮的质量，g；V为纺轮的体积，cm^3；ρ为纺轮的密度，g/cm^3。

当以同样的力矩分别作用于定轴转动的不同物体时，他们所获得的角加速度是不一样的。转动惯量大的物体保持原有转动状态的惯性大，角速度改变得慢；反之，转动惯量小的物体保持原有转动状态的惯性小，角速度改变得快。根据转动定律，转动惯量等于N个点质量的乘积之和及其与旋转轴的平方距离，因此它不是质量的一个简单的加性函数，而是取决于它在旋转轴径向的分布，即形状和直径。纺轮转动惯量的大小是影响纺纱的重要参数[9-11]。因此，根据转动惯量公式，纺轮的材质ρ、质量m、半径R，质量分布ρdV是纺轮设计的主要考虑因素。

角速度是描述转体转动快慢的物理量。角速度公式如式（3–2）所示。

$$\omega=\frac{2\pi n}{60}=\frac{\pi n}{30} \tag{3–2}$$

式中：ω为角速度，rad/s；n为转速，r/min。

角速度越大，即旋转得越快，加捻得越快，单位时间内的捻数越多，捻度越大。纺轮在纺纱中发挥了动能储备的作用，其转动的圈数直接等效于施加给纱线的捻数。纺纱加捻重要的物理量是捻度，所以纺轮转动的圈数和时间是在分析中考察的要点。不同的纱线类别，对捻度的要求也不一样，对转动的快慢及捻数的要求也不同。

第三节

纺轮材质、形制变化对纺轮纺纱的影响

一、纺轮材质对其纺纱的影响

新石器时代纺轮的材质有6种，包括木、石、陶、骨等。然而考古中发现利用

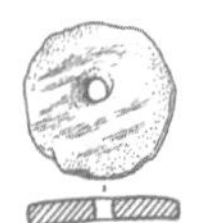

最多的材质要数石、陶纺轮，且多为陶纺轮。根据对各文化阶段的纺轮数量的不完全统计，陶纺轮数量达到了3000多枚，石纺轮的数量为300多枚。且出土石纺轮的文化遗址一般会同时出土陶纺轮，但是出土陶纺轮的文化遗址不一定会出土石纺轮。石纺轮数量较多的阶段是在河姆渡文化、大汶口文化、庙子沟文化和龙山文化阶段，且这些文化的遗址中同时也有不少的陶纺轮出土。这两种不同材质纺轮的区别和发展演变有何异同是本节探讨的重点。

（一）新时器时代石、陶纺轮形制对比

1．石、陶纺轮形状对比

考古发掘的新石器时代纺轮形状主要为圆台形、圆饼形、馒头形、算珠形、凸字形、碾轮形。石纺轮、陶纺轮的形状分布主要为圆台形、圆饼形、馒头形，其中圆饼形最多。在200枚石纺轮统计样本中，圆饼形所占比例为93.5%；在1499枚陶纺轮的统计样本中，圆饼形所占比例为77%（图3-6）。

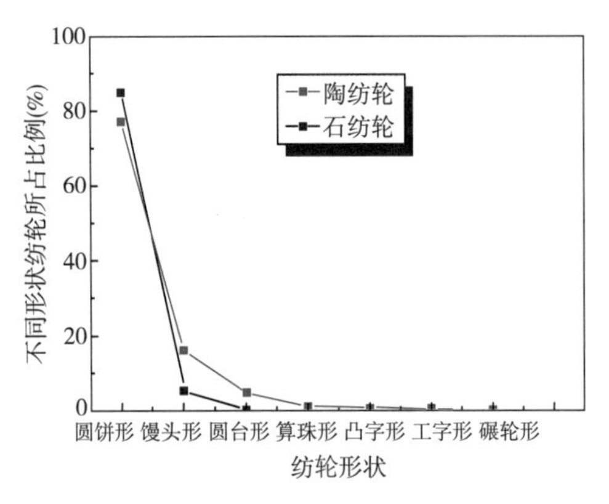

图3-6 石、陶纺轮形状对比

从图中可以看出，陶纺轮形状的多样性大于石纺轮，这可能与陶制材料的可塑性远大于石制材料有关。在新石器时代，石、陶作为原始社会人类生产、生活工具中的主要材质，也广泛应用于纺织生产当中。

2．石、陶纺轮厚度对比

刚性转动体的厚度决定了重心的高低，重心越低越稳定。在统计的658枚陶纺轮中，厚度最大的为9.4cm，最小的为0.2cm；在统计的72枚石纺轮中，厚度最大的为3cm，最小的为0.4cm（图3-7）。但是石、陶纺轮的厚度均主要集中在0~3cm，且多小于2cm（图3-8）。石、陶纺轮厚度在各区间分布比例接近1∶1，即石、陶纺轮的厚度差异性并不大。

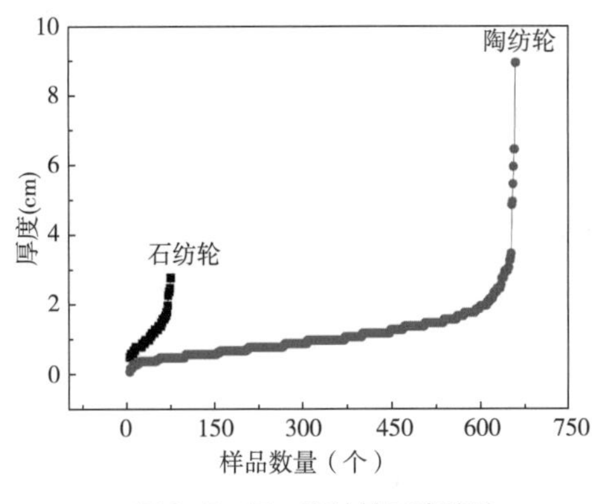

图3-7　石、陶纺轮厚度统计

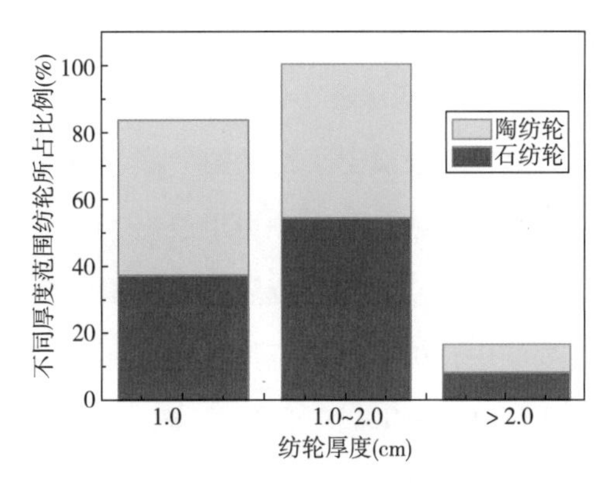

图3-8　不同厚度范围石、陶纺轮所占比例

厚度区间的稳定性说明了对于惯性转动的石、陶纺轮来说，厚度小于2cm的纺轮具有良好的转动特性，且厚度较小，对于纺轮来说在制造工艺上更加简单高效。

3．石、陶纺轮孔径对比

纺轮中间的孔洞用于插上捻杆，捻杆不仅可以实现纺轮的有效旋转，同时为纺纱的卷绕提供了可能。在统计的248枚陶纺轮中，发现陶纺轮的最大孔径可达3.5cm左右，最小的孔径为0.2cm；在统计的58枚石纺轮中，孔径最大为1.6cm，最小为0.4cm（图3-9）。石、陶纺轮的孔径一般小于2cm，且均主要集中在1cm以下，以0.5~1cm的居多，特别是石纺轮，这个厚度区间内纺轮数量是其他区间的10倍左右（图3-10）。

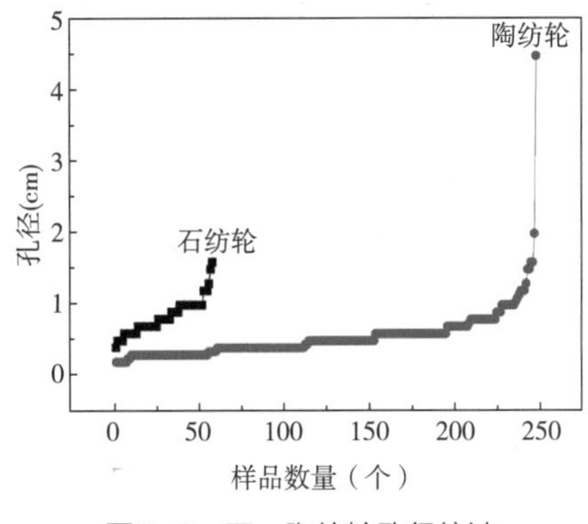

图3-9　石、陶纺轮孔径统计

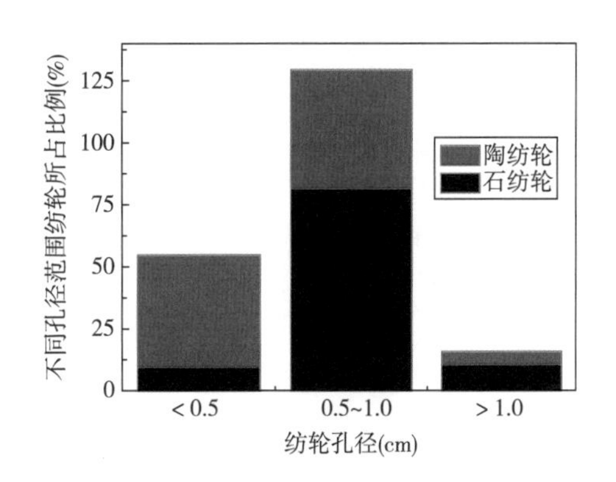

图3-10　不同孔径石、陶纺轮所占比例

捻杆作为纺轮的重要组成部分，是控制纺轮在一定区间内有效转动的重要轮轴。孔径的大小直接代表了捻杆的粗细，石、陶纺轮孔径多为0.5~1cm，说明捻杆的直径一般为0.5~1cm。一定长度的捻杆，其粗度也决定了纺轮的重量大小。捻杆越细（直径越小），纺轮总体质量越小，人操作牵伸的区间范围更大，即人可以把更细的纤维抽拔出

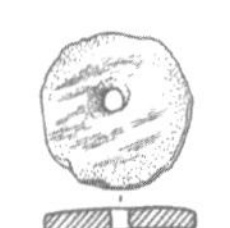

来。牵伸倍数越大，纺轮质量越小，就不会拉断纤维须条，这样纺出的纱线更细。

4．石、陶纺轮直径对比

直径不仅决定了纺轮的大小，还决定了纺轮的质量。从石、陶纺轮形状、厚度、孔径的统计数据中可以看出，石、陶纺轮的形状、厚度、孔径等的集中度较为接近，且纺轮的厚度、孔径范围的变化都较小，厚度主要集中在1~2cm，孔径主要集中在0.5~1cm，所以纺轮直径是决定纺轮重量的重要因素。陶纺轮直径范围较大，从2~16cm不等，石纺轮直径范围较小，为3~8cm（图3-11）。不同直径的石纺轮数量按照小、中、大的顺序呈现递增趋势，且以大型（直径大于5cm）纺轮为主，占总量（83枚）的67.5%，小型纺轮偶有出现，仅占7.2%（图3-12）。不同直径的陶纺轮数量按照小、中、大的顺序呈现递减趋势（每个区间递减10%左右），且以中小型纺轮（小于4.9cm）的居多，占总量（757枚）的78.4%。从统计中发现，高频出现的石纺轮直径约为高频出现的陶纺轮直径的1.5倍。

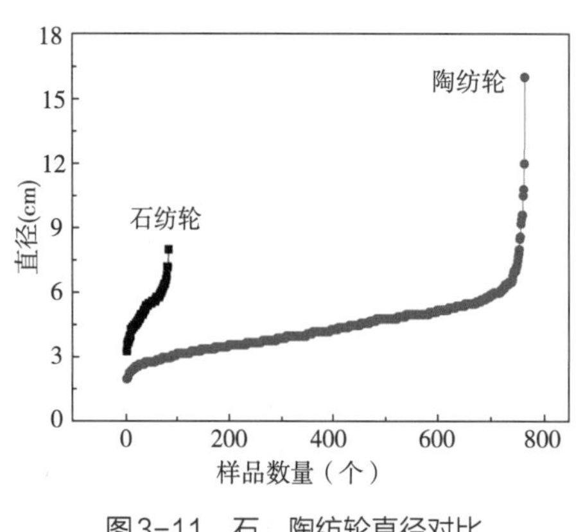

图3-11　石、陶纺轮直径对比

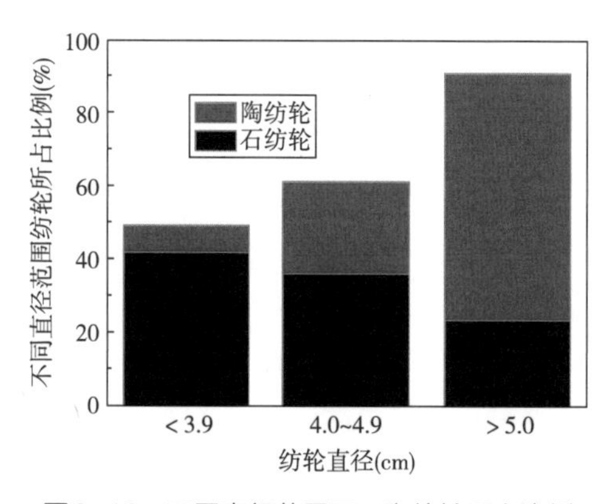

图3-12　不同直径范围石、陶纺轮所占比例

5．石、陶纺轮直径、厚度、孔径三者的关系

纺轮是材质、直径、厚度、孔径综合反应的一个三维立体。关于石、陶纺轮的直径、厚度、孔径之间的关系鲜有分析。据统计，石纺轮直径与厚度的比值主要集中在3.3~8，陶纺轮直径与厚度的比值主要集中在2~14（图3-13）；石纺轮直径与孔径的比值主要集中在4.9~9.2，陶纺轮直径与孔径的比值主要集中在4.9~24.3（图3-14）；陶纺轮直径的变化空间较大，直径与厚度的比值、直径与孔径的比值的区间范围相比石纺轮也更大，这主要是由石、陶纺轮密度差异性导致的。相同厚度及孔径、一定质量的纺轮，陶纺轮直径可以比石纺轮直径做得更大。另外图中还可看出在相同直径范围内，陶纺轮孔径、厚度的变化区间大于石纺轮，这说明陶纺轮

的质量变化可控性较大，陶纺轮适用性更广。石纺轮厚度与孔径的比值主要集中在1.3~2.3，陶纺轮厚度与孔径的比值主要集中在2.2~8.5，石、陶纺轮孔径一般均小于厚度（图3-15）。除去陶纺轮可塑型优势因素，这主要是由于一定直径的纺轮，厚度越大，质量就越大，惯性也越大，但是中心越高，摆动的可能性越大，即动能损耗也大，所以为提高纺轮旋转的效率，纺轮厚度不宜过大。厚度与孔径的比值保持在一定范围内，这样可确保更舒适、更省力的操作性，否则孔径过大，捻杆过粗，质量分布过于集中在旋转体的中心，不利于纺轮的旋转，且人操作的难度也会增强。

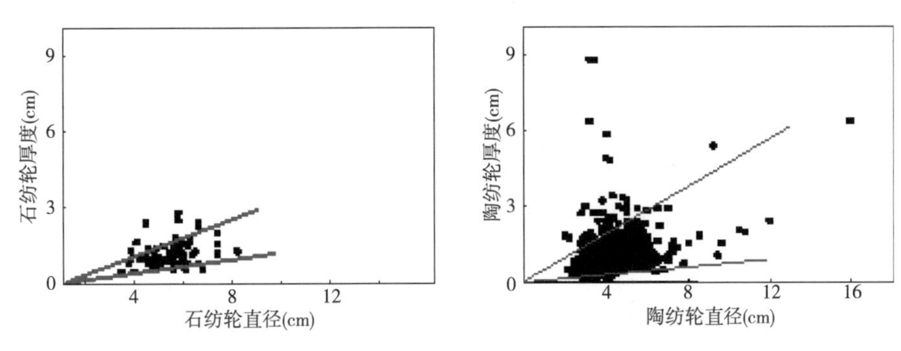

图3-13　石、陶纺轮直径与厚度的关系

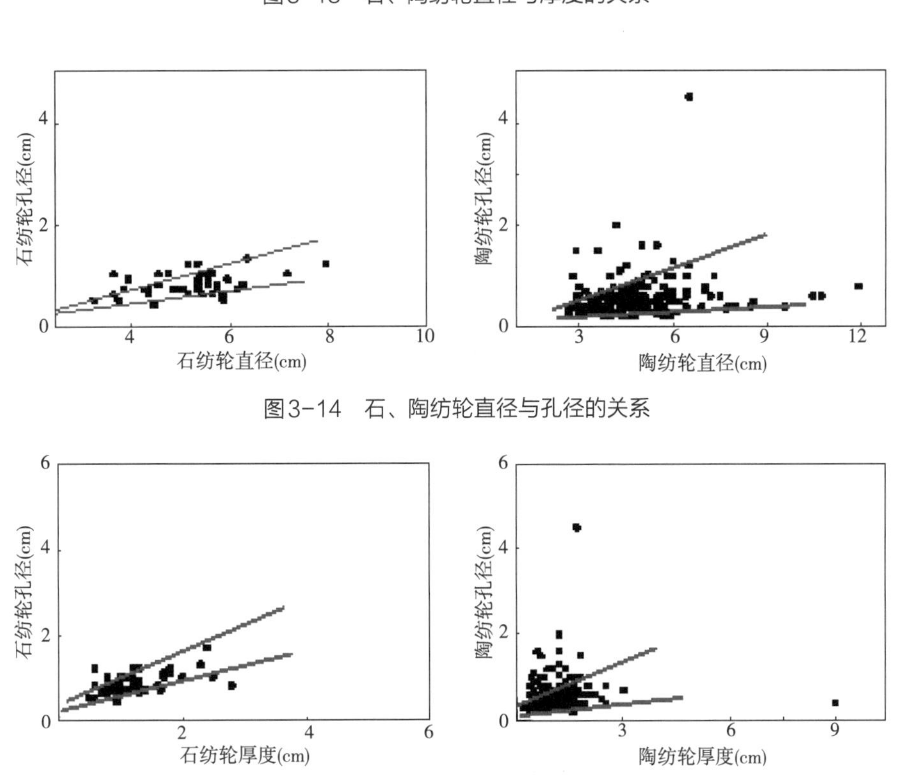

图3-14　石、陶纺轮直径与孔径的关系

图3-15　石、陶纺轮厚度与孔径的关系

6．石、陶纺轮分布区域对比

陶纺轮的轨迹遍布全国，跨越黄河流域及长江流域；而石纺轮的发掘地集中在浙江、山东和内蒙古，且内蒙古大坝沟和庙子沟出土的石纺轮的直径大于浙江、山东等地出土的石纺轮。内蒙古地区出土的石纺轮的直径范围为5.6~10cm，主要集中在7.1~8.5cm[12]，而浙江、山东地区发现的石纺轮的直径范围为3.3~8cm，主要集中在4~6.8cm。在以畜牧业为主的地区，石纺轮的直径更大，这在一定程度上说明这里的石纺轮多用于纺毛等剪切模量大的纤维；而浙江、山东地区的石纺轮直径偏小，且直径集中范围与陶纺轮中大型纺轮的直径范围相差不大，说明这两个地区的石纺轮也多用于纺刚度大、弹性好的纤维，但是小型石纺轮的出现，说明原始人类也尝试用小的石纺轮纺柔性纤维。

（二）石、陶纺轮纺纱差异性分析

纺轮惯性转动纺纱，是集自转与公转于一身的运动。公转的发生主要是由于捻杆没有固定，纺轮悬吊在空中存在一定的摆动。将摆动过程中的动能损耗忽略不计，设纺轮惯性转动为刚体的定轴转动。由于石纺轮的密度（ρ_1，单位$g\cdot cm^3$）大于陶纺轮的密度（$\rho_{石}>\rho_{陶}$），对于相同形状、厚度、孔径及直径大小的纺轮来说，石纺轮的转动惯量（I，单位$kg\cdot m^2$）大于陶纺轮（$I_{石}>I_{陶}$），因此石纺轮具备更大的转动惯性。石纺轮平均密度为$2.7g/cm^3$，陶纺轮平均密度为$1.8g/cm^3$[12]，则石、陶纺轮的密度比为3∶2。根据刚体的转动定律，对于形状、体积相同的纺轮，石纺轮的转动惯量（$I_{石}$）与陶纺轮的转动惯量（$I_{陶}$）之比如式（3–3）所示。

$$\frac{I_{石}}{I_{陶}}=\frac{\frac{1}{2}m_{石}{R_{石}}^2}{\frac{1}{2}m_{陶}{R_{陶}}^2}=\frac{\rho_{石}V_{石}{R_{石}}^2}{\rho_{陶}V_{陶}{R_{陶}}^2}=\frac{\rho_{石}{R_{石}}^2}{\rho_{陶}{R_{陶}}^2} \tag{3-3}$$

式中：$m_{石}$为石纺轮的质量，g；$m_{陶}$为陶纺轮的质量，g；$R_{石}$为石纺轮的直径，cm；$R_{陶}$为陶纺轮的直径，cm；$V_{石}$为石纺轮的体积，cm^3；$V_{陶}$为陶纺轮的体积，cm^3。

对于直径相同的石、陶纺轮，$I_{石}$与$I_{陶}$的比值如式（3–4）所示。

$$\frac{I_{石}}{I_{陶}}=1.5 \tag{3-4}$$

因此在角速度相同的情况下，石纺轮的动能储备是陶纺轮的1.5倍$\left(因为动能E=\frac{1}{2}I\omega^2\right)$。而要想使形状、厚度、孔径相同的石、陶纺轮保持相同的转动惯量，则需要满足式（3–5），即陶纺轮的直径大小是石纺轮的1.2倍。若石纺轮直径5cm，则陶纺轮直径要6cm。而大直径对于惯性转动来说是有利的，且陶纺轮可制作性较高，所以考古发掘的纺轮以陶纺轮为主，石纺轮在密度上的这种优势可以被可塑性高的陶纺轮取代。

$$\frac{R_{陶}}{R_{石}}=\sqrt{\frac{3}{2}}=1.2 \tag{3-5}$$

发掘数量最多的石纺轮的平均直径与发掘数量最多的陶纺轮的平均直径之比约为3∶2，即新石器时代考古发掘的石纺轮的转动惯量多为陶纺轮的3.4倍，即石纺轮动能储备是陶纺轮的3倍多。当石、陶纺轮以相同的角速度转动时，石纺轮的动能也越大，当纺相同材料、相同粗细的纱线时，石纺轮转动的圈数越多，纱线的捻度也就越大；同时对于抗弯刚度大的纤维，也更适于用石纺轮纺纱。这也正好说明了，石纺轮不能被彻底取代，石纺轮更适于高抗弯刚度纤维纺高捻度纱线。

二、纺轮形状（质量分布）对其纺纱的影响

纺轮是一个绕质量对称轴旋转的定点运动刚体，它最典型的结构特征是有一质量对称轴。纺轮的结构对称，旋转中心在纺轮的中心，能有效保证纺轮的旋转稳定性。纺轮沿孔心对称是纺轮旋转稳定性的重要因素[13]。考古发掘中的纺轮，虽然在新石器时代中期由于制作工艺的限制，出现了孔不在正中心的情况，但是远古人类已经在生产实践中慢慢发现旋转轴在中心的重要作用，所以新石器时代晚期发现的纺轮的孔基本都在纺轮的中心（图3–16）。

（a）新石器时代中期（跨湖桥文化时期）

（b）新石器时代晚期（大汶口文化时期）

图3–16　新石器时代中晚期纺轮中心孔位置对比

考古发掘纺轮的形状有圆饼形、圆台形、馒头形、算珠形、凸字形、工字形等，其中圆饼形、圆台形、馒头形、算珠形为纺轮的典型形状。纺轮形状的改变直接影响了纺轮沿转动中心轴捻杆的径向质量分布，导致纺轮的转动惯量不同[14–15]。纺轮的转动惯量和所用的纺纱纤维品种有关[11]。根据转动定律，得出几种典型形状纺轮

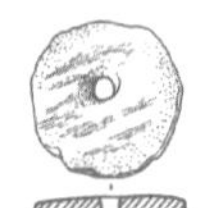

的转动惯量，如表3–1所示。

表3–1　不同形状纺轮的转动惯量

纺轮形状	纵截面示意图	转动惯量I/（kg·m²）
圆饼形		$\frac{mR^2}{2}$
圆台形[14]		$\frac{3mR'^2}{10}$
馒头形[15]（近似半球形）		$\frac{mR^2}{4}$
算珠形[14]		$\frac{m}{6}(R^2+h^2)$

注　$R'=\frac{R^4+R^3r+R^2r^2+Rr^3+r^4}{R^2+Rr+r^2}$，式中，$r$为圆台的上半径，$R$为圆台的下半径，$r<R$。

算珠形、菱形纺轮中的h为纺轮实际高度的一半，$h<R$。

对于纺纱来说，给捻杆施加一定的初功或者外加一定的初角速度，带动纺轮转动，从而达到纺纱效果。根据能量守恒定律，这一初功都会转化为纱线的抗捻力矩所做的功（空气阻力很小，忽略不计）。一定的初角速度作用于纺轮时，对于纺相同材料和规格的纱线，这个功都转化为相同抗捻力矩所做的功。根据能量守恒定律[式（3–1）]，当纺轮的质量、转动的最大半径相同时，根据表3–2的计算结果可得圆饼形纺轮、馒头形纺轮、算珠形纺轮（圆台形纺轮的转动惯量大小要根据具体数值才能确定，它可大可小，所以不在比较项目内）的转动惯量大小顺序如下所示：

$$I_{圆饼形}>I_{算珠形}>I_{馒头形}$$

给纺轮一定的初角速度，纺轮刚体的转动惯量I越大，其动能越大，初角速度所做的功等于纱线抗捻力矩所做的功。所以，当初角速度相同，且形状、半径、体积相同时，石质材料的纺轮具备了更大的转动惯性。当相同的初角速度作用于纺轮时，根据能量守恒定律，得到转动动能E，如式（3–6）所示：

$$W=E=\frac{1}{2}I{\omega_0}^2 \tag{3–6}$$

式中：W为初角速度对纺轮所做的功，N·m；E为纺轮转动动能，J；ω_0为初角速度，

rad/s。纺轮的转动惯量越大，动能也越大，当纱线的抗捻扭矩一定时，转的圈数N也越多，纱的捻数T也就越多，即

$$N_{\text{圆饼形}} > N_{\text{算珠形}} > N_{\text{馒头形}}$$

由于初角速度一样，转动惯量大的纺轮获得的角加速度小，耗时（t，单位s）也就越长。即

$$t_{\text{圆饼形}} > t_{\text{算珠形}} > t_{\text{馒头形}}$$

所以当相同的初角速度作用于形状不同但质量、半径相同的纺轮时，圆饼形纺轮转动的圈数最多，持续的时间也最长，有利于获得高捻度的纱线或者对于提高纺纱效率有一定的助益，所以考古发掘的纺轮多为圆饼形纺轮。当质量一定时，圆饼形纺轮较其他形状的纺轮质量分布更远离轴心。据推测，考古偶有发现的中间多孔[16]、内凹[17]和外凸[18]纺轮（图3-17），也是古人在考量质量分布后而进行的创作。

棱边结构是纺轮设计的重要因素[19]，圆饼形纺轮的棱边结构在考古发掘中多有变化。这种棱边结构的变化，能有效改善旋转过程中空气阻力的影响。由于新石器时代的纺轮可能在户外就随手作业，人类在长期的实践中发现，风（空气阻力）的存在也影响了纺轮的转动。正如行驶的汽车，其弧边结构和凸棱边结构所受的空气阻力要小于直边结构。

从纺轮棱边结构及表面结构的不同可以看出，一定程度上纺轮形状的多变是改变棱边结构和表面结构的结果（图3-18[20]）。弧边结构的圆饼形纺轮在厚度增加后演化成了圆柱形纺轮，圆柱形纺轮在棱边结构“弧化”的过程中变成了馒头形纺轮，即棱边结构的改变也是纺轮形状改变的结果，是改变纺轮质量沿中心轴径向分布的结果。

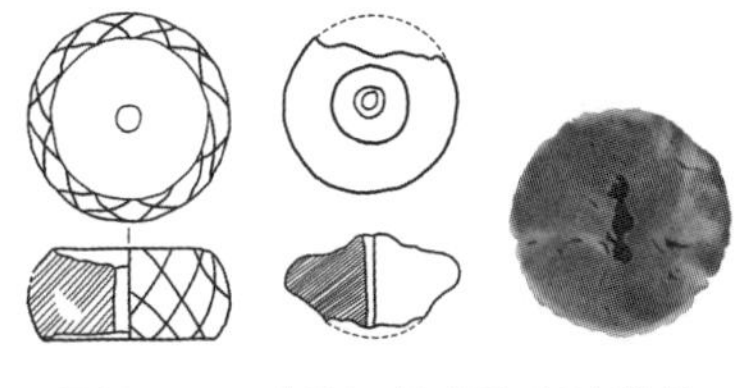

图3-17　内凹、外凸和多孔纺轮

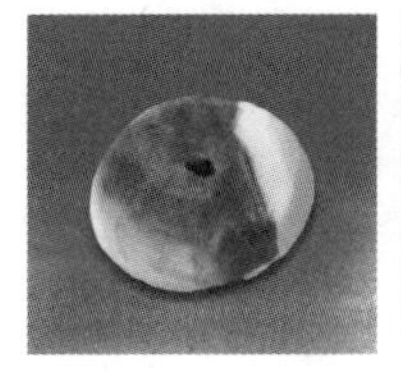

图3-18　不同棱边结构的纺轮

从造物设计理论考虑，造物活动不是以“物”的实际生产的开始为起始的，而是大大前移到人们对当下之“物”的功能欲求不满足开始的[7]。最开始打磨而成的陶纺轮，形状规整度低，且厚度范围被限制，这导致其旋转的稳定性较差，不能满足实际“物用”的需求。于是人类在生产实践中慢慢摸索，设计创造出满足“物用”

的产品——形状、厚度、大小变化的纺轮，以满足纺纱需求，即高的旋转稳定性、高的纺纱性能、经久耐用等。从纺轮形状统计的数据中可以看出，在新石器时代，从整体上看，圆饼形纺轮的数量明显高于其他形状的纺轮，其次是馒头形和圆台形。新石器时代晚期是纺轮发展的鼎盛时期，这个阶段人类不断尝试各种形状纺轮的“设计”，边“设计”边生产，边生产边修正“设计”，试图找到“物用”价值的最大化，并将纺轮的形状定形于圆饼形、馒头形、圆台形和算珠形。特别是在长江流域中游的大溪文化、屈家岭文化和石家河文化阶段，纺轮的形状基本固定为圆饼形。

但是根据第四章统计分析可知，不同文化的纺轮形状存在一定的差异，长江流域中游的良渚文化阶段的纺轮固定为圆台形，黄河流域的龙山文化阶段的纺轮形状固定为馒头形。这说明纺轮形状的分布存在一定的地域特点，而且距离较近的相同地域范围内的纺轮形状在部分地区也呈现出一定的特点。例如，史前时期，湖北境内宜昌地区的圆台形纺轮（即横截面是梯形）所占比例较其他地区的大，占当地发掘量的32%。在天门地区发现的全是圆饼形纺轮，只是有的纺轮孔周凸起，特别是天门肖家屋脊石家河文化时期的纺轮均为细泥圆饼状[21]。孟德斯鸠曾用“地理环境决定论”来看待地理环境与人类历史文化发展的关系问题，他认为“地理条件特别是气候、土壤和居住地域的大小对于一个民族的性格、风俗、道德和精神面貌以及政治制度都具有决定性的影响作用”[22]。因此推断，具有地域特点的纺轮的出现可能与纺纱的具体类别、人的生活习惯和文化等具有一定的相关性[10]。

从纺纱角度考虑，在新石器时代中期生产力水平低下，对纺纱质量要求并不高，纺轮只需满足纺较粗纱线即可。纺轮良好的旋转稳定性是考虑的重点。到了新石器时代晚期偏早阶段，生产力水平提升，在保证良好的旋转稳定性的前提下，纺轮的高效性是此阶段纺轮设计的重要因素。相同质量和半径的圆饼形纺轮，弧边结构的质量分布较直边结构趋于边缘，棱边结构的质量分布较弧边结构更趋于边缘。质量分布越趋近于边缘，纺轮的转动惯量越大，旋转加捻的效率越高。在保证质量和厚度相同的情况下，下部凸出起棱的圆台形纺轮较规整圆台形纺轮的重心低，旋转稳定性好，但是下部凸出起棱的圆台形纺轮的加工工艺明显复杂于规整结构，所以在后期逐渐被取代。圆台形纺轮较圆饼形纺轮的重心更低，能更好地确保纺轮的旋转稳定性。碾轮形纺轮的重心居中，质量分布更趋于旋转的轴线，能更好地保证旋转稳定性，但是其缺点也比较明显，转动惯量较小。新石器时代晚期偏晚阶段，对纱线质量的要求越来越高，纺轮使用过程中的省心省力是设计中重要考虑的因素。纺轮在保证一定的转动惯量的同时，还要保持一定的旋转力矩，即不减少外径。馒头形和算珠形纺轮能满足转动惯量的同时，使纺轮外径最大化。

其他几种形状的纺轮也有其独特的优点。例如，圆孔凸出纺轮的出现，能有效提高纺轮与捻杆的啮合程度，有效防止捻杆的摆动，确保纺轮匀速旋转。单面内凹或者两面内凹的纺轮能更大限度地将纺轮的质量分布在边缘，提高纺轮的转动惯量，从而提升纺轮的工作效率。但是这些纺轮在加工和保存方面的劣势比较明显，因此没有被广泛使用，它们只是人们在探索过程中留下的痕迹。

所以，纺轮形状变化是力学原理、制作工艺、适用性、耐用性和便捷性，还有环境因素、文化因素共同作用的结果，是人类在探索实践过程中留下的痕迹，是原始纺织发展的见证。综合考虑这些因素，最后纺轮的形状定型于圆饼形、圆台形、馒头形，如表3-2所示。从表中可以看出圆饼形纺轮的数量占纺轮总数的比例较大。全世界的纺轮在形状上有各种各样的变化，圆盘形和馒头形是最常见的纺轮形状[23-24]，说明纺轮形状的发展是历史的必然，是全球范围内的。

表3-2　陶纺轮形状比例

纺轮形状	圆饼形	馒头形	圆台形	算珠形	凸字形	工字形	碾轮形
可统计样品数/个	1499	314	89	23	12	10	1
比例/%	77.0	16.1	4.6	1.1	0.6	0.5	0.1

根据以上分析推断，纺轮形状与纺纱类别关系不大，可能存在部分地区根据个人或者群体的喜好来选择相应形状的纺轮的情况。

三、纺轮质量大小对其纺纱的影响

纺轮的重量是成纱质量的关键因素之一[25]。哥本哈根大学纺织品研究中心的研究人员通过分析出土的地中海青铜时代纺轮得出，纺轮质量与纱线质量之间存在联系[26]。

纺轮纺纱主要分两步进行，一是从纤维团中手动抽拔出部分纤维（牵伸出部分纤维），牵出的多少不仅受人为因素的影响，更重要的是还受纺轮整体重量的影响，牵伸出的纤维束要确保不被拉断，即纤维间的摩擦抱合力大于或等于纺轮的重力。纺轮重量越轻，可纺的纱线就越细；二是给一定质量的纺轮施加一个初始力矩，纺

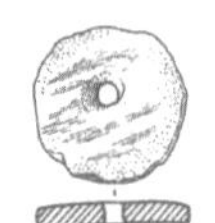

轮依靠惯性转动给抽长拉细的纤维束加捻。质量越大，纺轮保持转动的惯性越大，对纱线所做的功也就越大。但是质量越大，给纱线的牵伸力越大，越容易把纤维或者纱线拉断，不利于纺纱。所以，适当的纺轮重量是纺轮高效率纺纱的关键。将纤维的弯曲和扭转产生的内应力忽略不计，加捻张力F_z为加捻时弹性伸长所产生的应力，其表达式如式（3–7）所示。

$$F_z = mg = (E_f I)4\pi^2 T^2 \quad (3\text{–}7)$$

式中：E_f为纤维的杨氏模量，cN/cm^2；T为纱条由纺轮转动获得的捻度，捻/10cm；I为纤维截面的惯性矩，cm^4；$E_f I$为纤维截面的弯曲刚度，（cN·cm^2·tex^{-2}）。

设$C=\sqrt{\dfrac{g}{4\pi^2}}$，纺轮形状为出现频率最高的圆饼形，得纱线捻度如式（3–8）所示。

$$T = C\sqrt{\frac{m}{E_f I}} = C'R\sqrt{\frac{\rho h}{E_f I}} \quad \left(\text{其中 } C' = \sqrt{\frac{g}{4\pi}}\right) \quad (3\text{–}8)$$

式中：h为纺轮厚度，cm；R为纺轮直径，cm；ρ为纺轮密度，g/cm^3。

由式（3–8）可以看出，要想获得一定捻度的纱线，纺轮质量必须与纤维的抗弯刚度相适应。纺轮质量越大，越适合纺高捻度的纱线；同一质量纺轮纺纱，纺普通毛纱时纱线获得的捻度更大，其次是丝、棉、麻；对于抗弯刚度大的麻纤维，需要质量更大的纺轮。部分天然纤维抗弯刚度如表3–3所示[27]。使用同一质量纺轮纺纱，在牵伸要素都相同的前提下，抗弯刚度小的纤维纺出的纱更细。

表3–3 天然纤维的弯曲刚度

纤维种类	粗羊毛	桑蚕丝	棉	亚麻	苎麻
弯曲刚度/（cN·cm^2·tex^{-2}）	1.23×10^{-4}	2.65×10^{-4}	3.66×10^{-4}	4.96×10^{-4}	9.36×10^{-4}

当由相同质量、相同厚度的石、陶纺轮纺同一种纤维时，根据式（3–7），可以推出石纺轮纺纱获得的捻度（$T_{石}$）与陶纺轮纺纱获得的捻度（$T_{陶}$）的比值，如式（3–9）所示：

$$\frac{T_{石}}{T_{陶}} = \sqrt{\frac{3}{2}}\frac{R_{石}}{R_{陶}} \quad (3\text{–}9)$$

对于同半径的石纺轮、陶纺轮来说，石纺轮更易获得捻度。考古发掘中，石纺轮的直径多大于陶纺轮，且一般为陶纺轮直径的1.5倍，说明纺轮材质并不是纺轮纺纱考究的关键。纺轮的质量及直径是决定纺纱纤维类别与纱线粗细的关键要素，且根据转动定律及式（3–8）可知，在一定的牵伸条件下，纺轮半径对纺轮纺纱的影响更大，并不像Kathryn Keith[13]简单表述的那样，质量是纺轮纺纱的重要因素。畜牧地区的石纺轮直径比其他地区的大1~2cm，根据纺纱原料的地域集中特点，判定该地区的石纺轮多用于纺粗支高捻的毛纱，其他地区的石纺轮多用于纺粗支及抗弯刚度大的纤维，同时也可能会替代同质量的陶纺轮纺高捻度纱线。纱线的不同材质和捻度所表现出的成衣的质感是统治者炫耀财富的一种重要方式[5]，由此可见原始人类曾尝试通过改变纺轮材质来获得高捻度纱线、增强纱线的强度及改善织物的外观。

四、纺轮直径大小对其纺纱的影响

纺轮直径的变化直接影响着纺轮的转动惯量[25]。对于相同形状的纺轮，直径越大，纺轮的转动惯量越大，对于纱线的牵伸力也越大。纺轮对纱条进行加捻的过程中，忽略纱条内部摩擦损耗，纺轮与纱条组成的系统能量守恒，得任意时刻纱条的总应变能S_Z，如式（3–10）所示。

$$S_Z = Ns_z$$

$$S_Z = N\left[2\pi^2 \frac{GI_{sp}}{L_0}\left(T_1\cos\phi_0 - \frac{\sin\phi_0\cos\phi_0}{2\pi R_0}\right)^2 + \frac{1}{2}\frac{E(\sin\phi_0 - 1)^2 L_0}{\pi {R_0}^2} + \frac{1}{2}EI\frac{\sin^4\phi_0}{R_0^2}\right] \tag{3–10}$$

[28]

式中：S_Z为纱条的总应变能，J；s_z为单根纤维的应变能，J；G为纤维剪切模量，cN/tex；I_{sp}为纤维截面惯性矩，cm^4；L_0为纤维长度，cm；ϕ_0为加捻过程中纤维的扭转角度，（°）；E为纤维的初始惯量，cN/cm^2；R_0为纤维半径，cm。

又因为在单次加捻的过程，纱条遵循能量守恒定律，即纺轮的动能最后转变为纱条的总应变能，如式（3–11）所示。

$$E_0 = S_Z$$

$$\frac{1}{2}J{\omega_0}^2 = N\left[2\pi^2 \frac{GI_{sp}}{L_0}\left(T_1'\cos\phi - \frac{\sin\phi\cos\phi}{2\pi R_0}\right)^2 + \frac{1}{2}\frac{E(\sin\phi - 1)^2 L_0}{\pi {R_0}^2} + \frac{1}{2}EI\frac{\sin^4\phi}{{R_0}^2}\right] \tag{3–11}$$

式中：J为纺轮的转动惯量，kg·m^2；ω_0为纺轮的初角速度，rad/s；N为横断面内纤维的根数；G为纤维的剪切模量，cN/tex；I_{sp}为纤维截面惯性矩，cm^4；L_0为纤维的长度，cm；ϕ_0为加捻过程任意时刻纤维的扭转角度，（°）；ϕ为纺轮完成一周期的旋转纤维的扭转角度，（°）；T_1' 为纺轮完成一周期的旋转后纱条靠近纺轮端的相对捻度，捻/10cm；E 为纤维拉伸模量，cN/cm^2；R_0 为纤维半径，cm。

在环锭纺加捻过程中，纤维由弯曲和扭转所产生的内应力只占正截面上内应力总值的2%[29]，故此次分析中将纤维由弯曲和扭转所产生的内应力忽略不计，得式（3-12）：

$$\frac{1}{2}J{\omega_0}^2 = N\left[2\pi^2\frac{GI_{sp}}{L_0}\left(T_1'\cos\phi - \frac{\sin\phi\cos\phi}{2\pi R_0}\right)\right] = N\pi\frac{GI_{sp}}{L_0R_0}\left(2\pi R_0T_1'\cos\phi - \sin\phi\cos\phi\right) \tag{3-12}$$

由于捻度大小与纤维的扭转角度相关，所以设捻度 T 与 ϕ 之间的函数为 $T(\phi)$，则可得式（3-13）：

$$\frac{1}{2}J{\omega_0}^2 = N\pi\frac{GI_{sp}}{L_0R_0}T(\phi) \tag{3-13}$$

由式（3-13）可推出式（3-14）：

$$\frac{1}{2}mR^2{\omega_0}^2 = N\pi\frac{GI_{sp}}{L_0R_0}T(\phi) \tag{3-14}$$

从式（3-14）可以看出纺轮质量、半径、转动初角速度与纤维类别、纱线最终捻度的相关性。给一定质量的纺轮施加相同的角速度，纺捻度相同的纱线时，直径较大的纺轮则需要纤维的剪切刚度越大，即直径大的纺轮更适合纺刚度较大的纤维。且从式（3-8）和式（3-14）中可以看出，纺轮半径对纤维类别选择、纱线捻度的影响要大于质量对纤维类别的选择和纱线捻度、细度的影响。

第四节 纺轮纺纱验证

一、实验材料

（一）纤维

纺轮既可用于葛、棉等各类天然短纤维纺纱，也可用于蚕丝、苎麻等长纤维纺纱[30]，从本章第五节统计的新石器时代的织物也可见一斑。本文选取了较有代表性的纤维长度和初始模量不一的麻纤维、毛纤维和棉纤维（图3-19）进行了纺纱实验，各纤维具体参数，如表3-4所示。以期通过实验，结合考古发掘和各文化阶段纺轮的特点，判定纺轮与纺纱之间的具体关系。

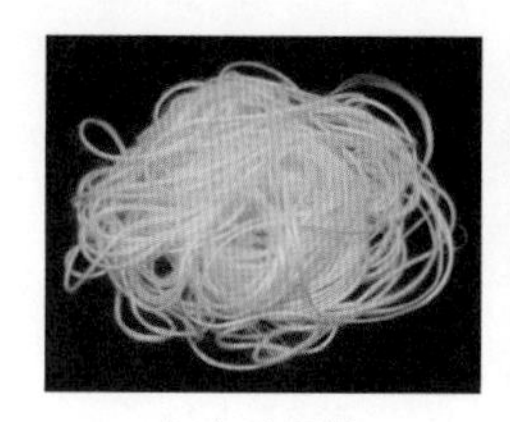

（a）麻纤维

（b）毛纤维

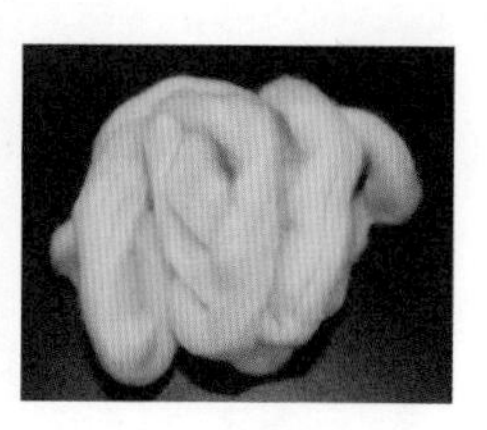
（c）棉纤维

图3-19　不同纤维原料

表3-4　不同纤维的机械性能

纤维种类	长度/mm	细度/dtex	断裂强度/（cN/dtex）	断裂伸长率/%	初始模量/（cN/dtex）
苎麻	94	3.6	4.9	2.2	222.6
毛	78	2.1	1.4	35.0	22.5
棉	33	1.5	2.6	3.3	60.5

（二）纺轮

圆饼形陶纺轮是出土数量最多的纺轮，其直径、厚度、孔径大小的集中范围分别为2~6cm、1~2cm、0.5~1cm。基于此结果，笔者自制并选取了四个不同直径和质量的圆饼形陶纺轮（图3-20），其具体数据，如表3-5所示。

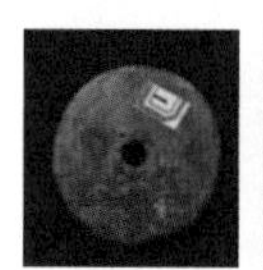
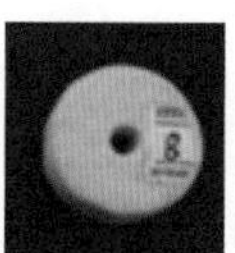

图3-20　实验用纺轮

表3-5　不同尺寸的纺轮

纺轮编号	质量/g	直径/cm	厚度/cm	孔径/cm
1	11.5	4.2	0.3	0.5
8	11.5	2.2	1.3	0.5
3	50.0	4.2	1.3	0.5
6	64.8	6.4	1.3	0.5

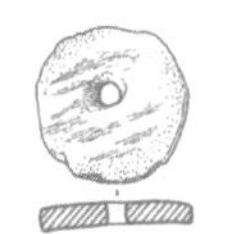

由于纺轮厚度的变化会导致纺轮质量的变化，且根据转动理论可知，转动惯量与厚度无关，所以实验中未单独考虑厚度变化的影响，统一归入质量的变化对纺轮纺纱的影响中。

（三）捻杆

捻杆长度、直径、质量等具体参数，如表3-6所示。笔者自制捻杆实物如图3-21所示。

表3-6　不同尺寸的捻杆

捻杆编号	长度/cm	直径/cm	质量/g
1	30	0.3	1.4
2	35	0.5	4.1

（四）定捻弯钩

根据捻杆的结构及定捻装置的实际制作和操作难度，选取了易于制作的弯钩固定在捻杆的顶端作为定捻装置（图3-22）。

二、实验方法

为确保实验的准确性，将人为因素降到最低，所有的纺纱实验由同一人完成，且在操作过程中，使用最大力旋转纺轮（图3-23）。

从测速装置测得的不同质量纺轮转动速度与时间关系对比可以看出（图3-24），直径相同、质量不同的纺轮在同一个人使最大力旋转纺轮时，不同质量的纺轮达到的最大速度基本相同。

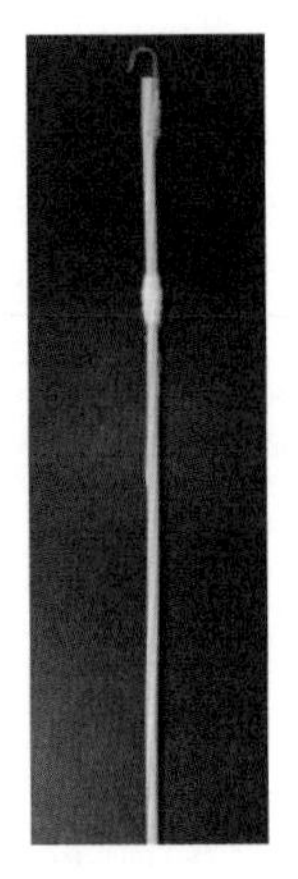

图3-21　捻杆

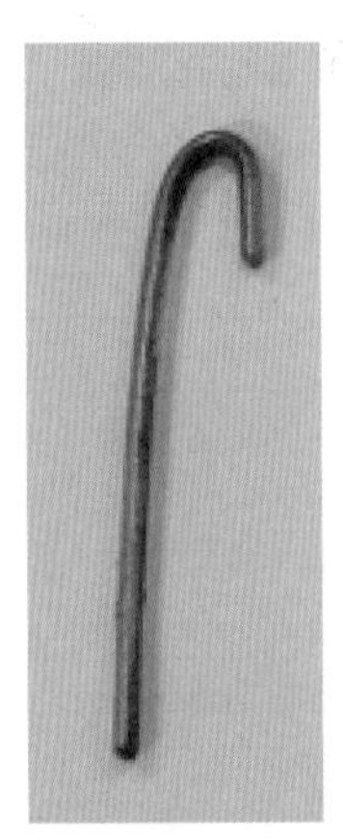

图3-22　定捻弯钩

图3-23　纺轮纺纱

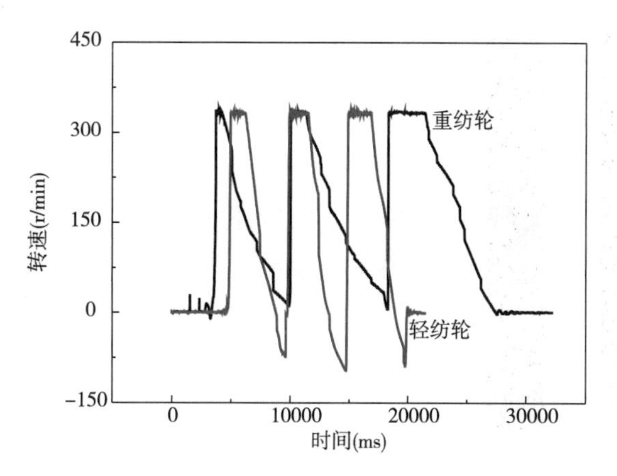

图3-24　不同质量的纺轮转速与时间关系

实验分为两类，第一类是选择相同的捻杆纺纱，第二类是选择不同粗细的捻杆纺纱。第一类实验分四组进行，即第一组是相同直径、不同质量的纺轮纺纱；第二组是相同质量、不同直径的纺轮纺纱；第三组是不同直径、不同质量的纺轮纺纱；第四组是相同纺轮纺不同纤维类别的纱线。实验中纺轮的孔径和厚度相同。第二类实验为用不同粗细的捻杆纺纱，即用同一纺轮纺纱，通过夹塞超轻物（纸巾）来固定捻杆，从而改变捻杆的粗细。

三、实验仪器

捻度测量通过Y331N纱线捻度仪测定10组数据，计算纱线的平均捻度。

纱线的细度通过千米克重来计算，利用天平测量1米纱线的质量，总共测量10组数据后通过平均值的计算来求得纱线的细度。

生物显微镜YH5001，上海光学仪器厂生产。

四、实验目的

通过实验判断和验证纺轮直径、质量对纺轮纺纱的影响，纺轮与纺纱纤维类别的关系，同时根据实验观察发现纺轮孔径等对纺纱的影响。

五、实验结果

（一）相同直径不同质量纺轮纺纱

纺轮的重量是成纱质量的关键因素之一[11]。用相同直径、不同质量的纺轮纺纱，尽可能地增大牵伸倍数，则纺出的纱线（图3-25）的细度和捻度的实验结果如

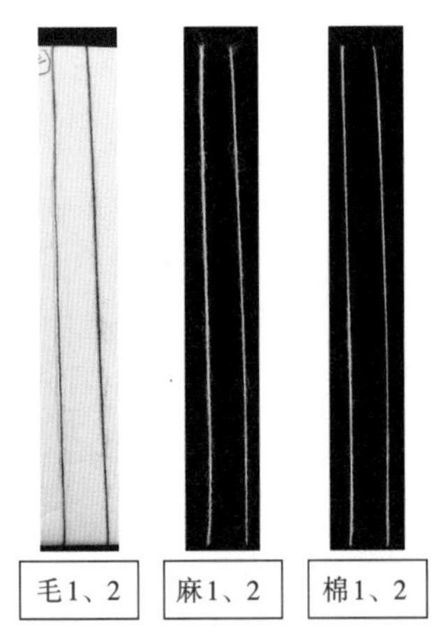

图3-25　相同直径、不同质量纺轮所纺纱线

表3-7~表3-9所示。从表中可以看出，使用毛、棉纤维纺纱，当纺轮的质量改变，直径、孔径和厚度不变时，纱线的细度的变化大于纱线捻度变化，这正好印证了前面所说的质量对捻度的影响不大。即当直径一定，质量变化时，纺轮的转动惯量变化并不明显，所以直径相同、质量不同的纺轮转动的圈数相差不大，纺相同原料的纱线时，纱线的捻度差别不大。纺轮质量对纱线细度影响的程度大于对纱线捻度影响的程度，主要是因为纺轮质量的改变导致牵伸的倍数改变。

表3-7　相同直径、不同质量纺轮所纺麻纱

纺轮编号	纺轮直径/cm	纺轮质量/g	纱线细度/tex	纱线捻度/（捻/10cm）
1	4.2	11.5	150.0	29.6
3	4.2	50.0	146.0	28.5

表3-8　相同直径、不同质量纺轮所纺毛纱

纺轮编号	纺轮直径/cm	纺轮质量/g	纱线细度/tex	纱线捻度/（捻/10cm）
1	4.2	11.5	34.5	65.8
3	4.2	50.0	88.0	69.4

表3-9　相同直径、不同质量纺轮所纺棉纱

纺轮编号	纺轮直径/cm	纺轮质量/g	纱线细度/tex	纱线捻度/（捻/10cm）
1	4.2	11.5	104.0	59.2
3	4.2	50.0	117.0	52.7

（二）相同质量不同直径的纺轮纺纱

用相同质量、不同直径的纺轮纺纱，尽可能地增大牵伸倍数，得出纱线实物（图3-26），纱线捻度和细度的实验结果，如表3-10、表3-11所示。从表中可以看出，当用相同质量、不同直径的纺轮对同种纤维原料进行纺纱时，纱线捻度虽然存在一定的差异，但是差别不大，然而纱线的细度差别相对明显。纺轮直径的大小决定了纺轮旋转的圈数[16]。给纺轮施加一定的初始能量，小直径纺轮旋转的圈数大于

大直径纺轮，给纱线所加的捻数也多于大直径纺轮[31]。所以使用相同质量的纺轮纺纱，直径小的纺轮纺出的纱线更细。质量一定，纱线细度与纺轮的直径相关性较大。并不像罗瑞林[11]所述直径大、厚度薄的纺轮转得更快，更适合纺高支纱。

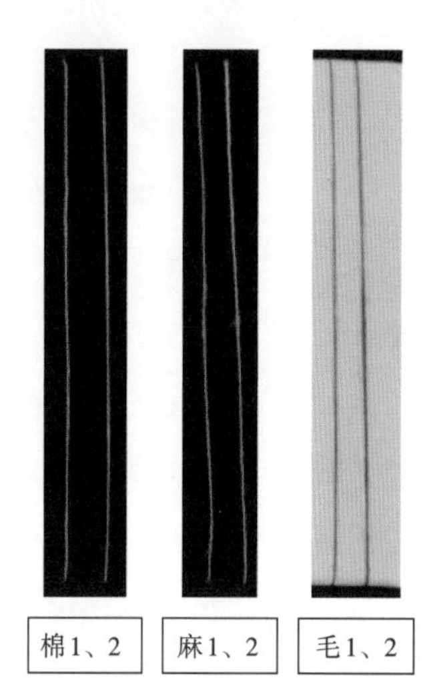

图3-26 相同质量、不同直径纺轮所纺纱线

表3-10 相同质量、不同直径纺轮所纺纱线的捻度

纺轮编号	质量/g	直径/cm	纱线捻度/（捻/10cm）		
			棉	麻	毛
1	11.5	4.2	59.2	29.6	65.8
8	11.5	2.2	133.5	36.1	69.2

表3-11 相同质量、不同直径纺轮所纺纱线的细度

纺轮编号	质量/g	直径/cm	纱线细度/tex		
			棉	麻	毛
1	11.5	4.2	104.0	150.0	34.5
8	11.5	2.2	33.0	104.0	29.6

（三）不同直径、不同质量纺轮纺纱

纺轮直径和质量的大小都是纺轮旋转的重要参数。根据实验，得出不同直径和质量纺轮所纺纱线（图3-27）的细度、捻度数据，如表3-12、表3-13所示。当纤维类别一定的时候，用纺轮纺纱时纱线捻度随着纺轮质量和直径的变化而变化的程度并不大，特别是麻纤维和毛纤维。

当纺轮直径和质量同时改变时，纱线的细度变化明显。一般而言，当纤维种类

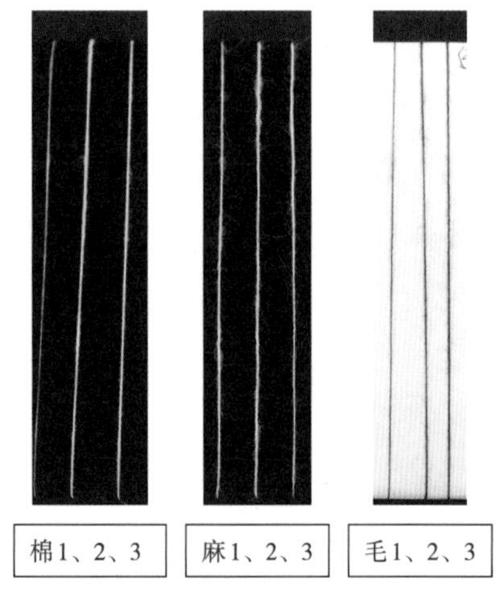

图3-27　不同质量、不同直径纺轮所纺纱线

相同时，用直径小、质量轻的纺轮纺出的纱线细；用直径大、质量大的纺轮纺出的纱线较粗。但是直径大、质量大的纺轮，也可纺出比轻小的纺轮更细的纱线，这主要是由人为的牵伸倍数决定的。纱线的细度主要是由牵伸倍数决定的，纺轮纺纱，纤维的牵伸主要由人来完成，但是纺轮的重力作用对牵伸也有一定的辅助作用。所以人在牵伸的过程中就会受到纺轮重力的限制，只有根据纺轮的重量合理牵伸，才能有效保障牵伸加捻的顺利进行。过重的纺轮，只能牵伸较小的倍数；较轻的纺轮其牵伸倍数的可控性更大，可以根据人的需要来选择，纺较粗的纱线就用低倍数牵伸，纺较细的纱线则用高倍数牵伸。只要牵伸倍数适当，不同质量和直径的纺轮可纺多种纤维原料的纱线。由表3-12、表3-13中的数据可知纺棉的纺轮同样也适合纺麻、毛纱线。质量轻、直径小、孔径小的纺轮更适合纺较细的纱线。

表3-12　不同质量、不同直径纺轮所纺纱线的捻度

纺轮编号	纺轮质量/g	纺轮直径/cm	纱线捻度/（捻/10cm）		
			棉	麻	毛
8	11.5	2.2	133.5	36.1	69.2
3	50.0	4.2	52.7	28.5	69.4
6	64.8	6.4	47.4	29.7	77.2

表3-13　不同质量、不同直径纺轮所纺纱线的细度

纺轮编号	纺轮质量/g	纺轮直径/cm	纱线细度/tex		
			棉	麻	毛
8	11.5	2.2	33.0	104.0	29.6
3	50.0	4.2	117.0	146.0	88.0
6	64.8	6.4	99.0	195.0	80.0

为把人为因素降到最低，即从一般熟练程度的人用纺轮纺纱效率考虑，在本实验中发现直径2.2cm、质量11.5g、孔径0.5cm的纺轮所纺的不同纤维原料的纱线中，其可

纺纱更细，捻度更大，适纺性能更优，范围更广。并不像Kathryn A Kamp简单所述的那样——技能优秀的纺纱者能用不同的纺轮纺出相同质量的纱线[9]。Kathryn A Kamp所述的这种情况是需要前提条件的，即用质量较轻的纺轮纺纱。

同时根据实验得知用纺轮纺纱时，纱线捻度人为可控性少，且由于牵伸倍数的人为可控性大，所以用一定质量的纺轮纺纱，纱线细度人为可控性大。

另外从编码器测得的不同质量纺轮旋转与时间的关系图（图3-24）中可以看出，质量对于旋转效率有影响，质量较大的纺轮旋转的时间长于质量较小的纺轮。另外根据速度的减小也可以推出，相同时间内，重纺轮的旋转圈数小于轻纺轮的旋转圈数[32]。即轻的纺轮旋转得更快，转的圈数更多，更有利于纺高捻度的纱线，且从实验测得的数据中也得到了验证。不同纺轮纺出的纱线的捻度，如表3-10、表3-12所示，由此可以看出，直径小、质量轻的纺轮纺出的纱线捻度高。但是当直径相差不大、质量相差较大的时候，纺出的纱线捻度的差别并不明显。

（四）同一纺轮纺不同纤维原料的纱线

用相同质量和直径的纺轮纺不同纤维类别的纱线（图3-28），尽可能地增大牵伸倍数，得出不同纤维原料纱线细度和捻度的实验结果，如表3-14所示。

图3-28　麻、毛、棉纱的电子显微镜照片

表3-14　同一纺轮纺不同纤维原料纱线

纺轮编号	纺轮质量/g	纺轮直径/cm	纤维原料	纱线细度/tex	纱线捻度/（捻/10cm）
3	50.0	4.2	棉	117.0	52.7
			毛	88.0	28.5
			麻	146.0	69.4

从表中可以看出，相同的纺轮纺不同纤维类别的纱线区别明显。特别是对比长纤维麻纱和短纤维的毛纱、棉纱发现，由毛纤维纺成的纱线的捻度明显小于棉纤维和麻纤维纱纺成的纱线。三种纱线的捻度大小排序依次为：

$$T_{麻} > T_{棉} > T_{毛}$$

这主要与纤维的剪切模量、长度和细度有关，如式（3–14）所示。且从实验数据可知用纺轮纺纱，纱线的捻度大小与纤维类别的相关度最大，与纺轮直径和质量的相关度不明显。

（五）捻杆粗细对纺纱的影响

实验中发现，用一定质量的同一纺轮纺纱时，捻杆的粗细不同会影响纺纱的粗细（图3–29、图3–30），所纺纱的具体数据，如表3–15所示。

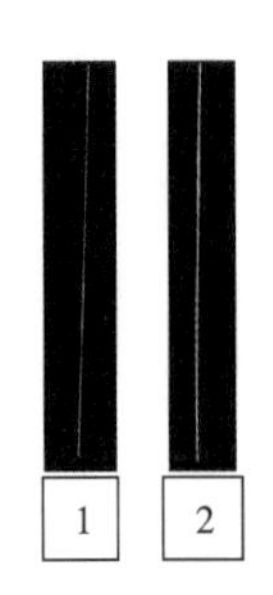

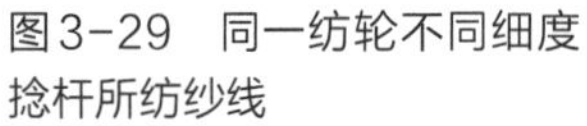
图3–29 同一纺轮不同细度捻杆所纺纱线

（a）孔径0.3cm的纺轮纺出的纱线（b）孔径0.5cm的纺轮纺出的纱线

图3–30 不同细度捻杆所纺纱线电子显微镜照片

表3–15 同一纺轮不同捻杆所纺棉纱

纺轮编号	纺轮质量/g	纺轮直径/cm	纺轮厚度/cm	捻杆1（直径0.3cm）		捻杆2（直径0.5cm）	
				纱线细度/tex	纱线捻度/10cm	纱线细度/tex	纱线捻度/（捻/10cm）
1	11.5	4.2	0.3	30.7（0.13mm）	104.0	59.2（0.24mm）	412.3

六、实验分析和讨论

根据造物设计理论，在纺轮的设计中首先考虑的是省时、省力、省心。省时即高效率，省力即易于旋转，省心即人在操作过程中行为（如牵伸）的范围更大更广。正是基于这三大原则，纺轮的直径、质量、孔径大小等才在探索中不断改革创新。

（一）纺轮直径和质量对纺纱的影响

纺轮直径、质量等直接影响其纺纱效果。要确保纺轮的稳定旋转，首先其直径、孔径、质量三者之间成一定的比例关系才能满足纺轮稳定旋转。但是这个比例不是固定的数值，存在一定的区间范围。例如，直径为7cm、孔径为0.2cm、质量为60g的纺轮无法稳定旋转，直径为2cm、孔径1cm、质量为11g的纺轮也无法稳定旋转。

根据考古发掘统计的纺轮直径、孔径数据及文献中提供的部分纺轮质量集中范围推算，如Kathryn Keith[13]认为在Hacinebi遗址发掘的直径在20~80mm的物品均为纺轮，纺轮的质量范围为7.6~158.2g；李约瑟[33]、赵承泽[34]统计的纺轮质量范围为5~120g，在这些范围内的纺轮（表3-16），能较稳定地用于纺纱。且根据第四章纺轮各参数之间的关系，在这个范围内的纺轮各参数可根据纺纱需求任意匹配。

表3-16　较稳定纺纱的纱轮形制数据

直径集中范围/cm	孔径集中范围/cm	质量集中范围/g	厚度范围/cm
2.0~6.0	0.2~1.0	10.0~70.0	0.2~2.0

另外根据实验得知，纺轮直径对纱线细度和捻度的影响要大于质量对它们的影响。同时只要牵伸倍数适当，不同质量和直径的纺轮可纺多种纤维原料的纱线。例如，阿兹特克人多使用小直径纺轮纺棉纤维、大直径纺轮纺麻纤维[35-36]。中部美洲（美索美洲）直径在1.5~3.8cm的纺轮经常用来纺棉，大直径的用于纺麻，且纺棉用的纺轮质量为1~13g，孔径为0.2~0.6cm[37-38]。质量大于或等于150g的纺轮用于纺较粗的麻纱和毛纱，而质量小于或等于8g的纺轮适宜纺短纤维毛纱[31]。来自瑞士重12~57g的纺轮，有个别质量达90g，可能是用于纺亚麻或羊毛[31]。纺轮的质量范围为7.6~158.2g，轻的可用于细长纤维的纺纱，而重的用于纺亚麻或毛[13]。

结合实验数据推断，在表3-16中的尺寸范围内的纺轮，对纱线细度要求不高时，中大型纺轮适合纺麻、毛纤维，中小型纺轮更适合纺棉纤维。若想纺较细的纱线，则选择直径和质量较小的中小型纺轮。

由于纺轮纺纱属于一定范围内适纺性的问题，根据第四章分析结果中纺轮在黄河流域、长江流域及长江流域局部区域分布的地域特点推断，不同纺轮的使用和纱线的制备与当地的经济文化有一定的关系。这可能是由地理环境因素、生活习惯、对纱线的要求不同及个人喜好和经验决定的[13]。

（二）纺轮纺纱与纤维类别的关系

从实验得知，质量为11~60g的纺轮适合纺各种纤维类别的纱线。在同一纺轮所纺的纱线中，毛纤维纱线的细度和捻度小于棉麻纤维纱线。纤维类别对纱线捻度的影响大于纺轮直径和质量对纱线捻度的影响，即若用相同材料的纤维纺纱，不同纺轮纺出的纱线捻度差别不大。

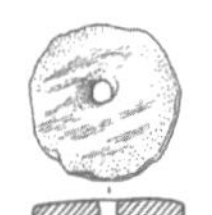

（三）捻杆粗细对纺纱的影响

质量太大的纺轮，如果孔径过小，捻杆无法带动纺轮旋转。捻杆的粗细、质量与纺轮的质量、大小要在一定的比例范围内才能确保纺轮稳定旋转，才能有利于纺纱的顺利进行。由于不同的物用需求，新石器时代纱的粗细、捻度要求也会存在差异，如经纱的捻度要大于纬纱。新石器时代人类可携带的纺轮有限，所以更希望同一纺轮的适纺性更广，可纺各种材料和规格的纱线，因此孔径也成了人类探求的因素范围。且根据实验，同一纺轮，如果改变捻杆的粗细，纺纱细度也呈现出差别，细度越细的捻杆，纺出的纱线越细。

这一现象出现的原因可能是捻杆变细，导致加捻三角区变小，同时细的捻杆质量的改变，导致牵伸倍数可以更大。

（四）纺轮对纺纱效率的影响

在现今看来比较原始简单的惯性转动纺纱原理是原始社会先进生产力的代表。它的出现，使人类绩接效率较非工具绩接提高了2.1倍左右[13]，它是人类真正纺纱的开端。统计不同直径和质量的纺轮的纺纱效率得知，在一定的力作用于纺轮的情况下，不同纺轮纺纱效率差别不明显，即纺纱效率与纺轮的直径、质量的相关性不大。纺纱效率主要由人的熟练程度决定，熟练的操作者一天可以纺一斤左右的纱[39]。

纺轮的直径、厚度、质量、孔径等对纺纱质量影响较大，但是纺纱效率主要由纺纱者的熟练程度和意愿相关[9]。另外纺轮纺纱是由多种因素决定的，不仅与纺纱者的目的性有关，还与纺纱者的技能和喜好有关[7]。

第五节

新石器时代纺轮纺纱水平

一、从考古发掘看新石器时代纺纱水平

（一）新石器时代中期发掘的织物及痕迹

1．磁山文化编纺品痕迹

磁山文化时期人们已经掌握了一定的编纺织技术，当时的编纺织原料估计主要还是麻类植物纤维，丝、棉织品可能还未出现[40]。磁山文化编纺织品印痕，如

图3-31所示。考古发掘的磁山文化阶段的纺轮数量也较少，仅有19件，且全部为打磨而成的纺轮，属于纺轮使用的初级阶段。因此根据织物及纺轮特点推断，此阶段属于纺织手工业发展的初级阶段，织物的编制还没有成熟，人类的衣着可能仍然主要依靠兽皮、树叶。

2．北辛文化编纺品痕迹

北辛文化阶段，目前并没有发现纺织品，但是在北辛文化的典型遗址即滕县（今山东省滕州市）北辛遗址中发现了编织物遗迹（图3-32）。发掘报告[41]中这样描述："席纹都在器底部，可能是制陶过程中遗留下来的痕迹。从纹痕观察，席篾宽为0.25~0.4cm，主要采用一经一纬的人字形编织法，还有三经三纬和多经多纬的人字形编织法。"

图3-31　磁山文化编纺织品印痕示意图

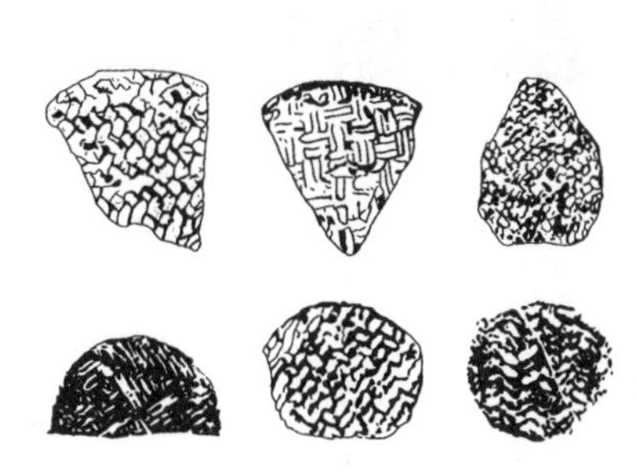

图3-32　山东滕县北辛遗址编织物痕迹示意图

从编织痕迹及纺轮的发掘状况判断，此阶段的纺织品同磁山文化一样，可能仍然处于萌芽阶段。也就是说在新石器时代中期，纺轮虽然已经开始使用，但是纺轮所纺的纱线用于织造的可能并不多，纺织品处于萌芽阶段。

（二）新石器时代晚期偏早阶段的织物及痕迹

1．西安半坡遗址中的布纹痕迹（仰韶文化）

到了仰韶文化阶段，出现了布纹痕迹。从半坡遗址出土的布纹测出，当时纺制的纱线直径在1mm以上，是比较粗的纱线[42]。在半坡遗址发现的布纹痕迹有四个，其中一个是在口径约17.2cm的陶器底端，经测定这一布纹直径约为6cm，近似得到其经纬纱直径分别为2.4mm、2.5mm，均匀度很好（图3-33[43]）。

另外一个是在口径为14.7cm[44]的陶钵（现藏于中国国家博物馆）底部发现的（图3-34[44]），该陶钵底部平纹印痕处直径为9.2cm，其中经纱和纬纱直径分别为0.9mm、1.2mm[44]。

1972年，临潼县文化馆（今临潼区文化馆）和西安半坡博物馆组织了对姜寨遗址的发掘，在该遗址出土的陶器中也有少数陶钵底部残存有席纹、布纹痕迹（图3-35、图3-36）。例如，临潼县（今临潼区）发现的底部带有平纹印痕的陶钵，纱线直径为

（a）陶钵上布纹痕迹示意图

（b）细节放大图

（c）结构示意图

图3-33 陕西半坡遗址发现的织物印痕（距今6287~7047年）示意图

（a）陶钵底布纹痕迹示意图

（b）细节放大图

（c）结构示意图

图3-34 陕西半坡遗址发现的织物印痕（距今6287~7047年）示意图

图3-35 细密布纹痕迹（半坡博物馆）

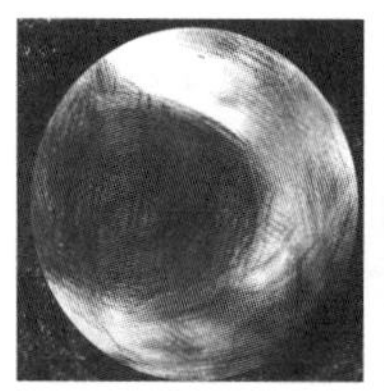
（a）陶钵上的布纹印痕

（b）细节放大图

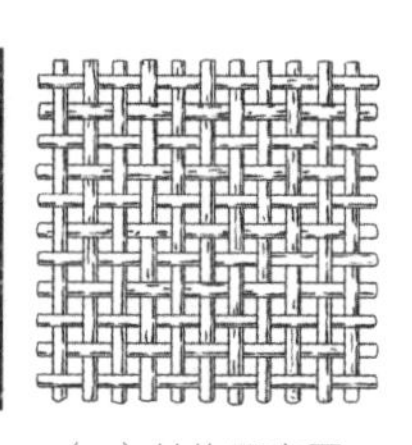
（c）结构示意图

图3-36 陕西姜寨遗址发现的布纹印痕（距今6400~6600年）示意图

3.5mm，痕迹清晰[45]。

从以上发掘的织物残留及数据可以推断，半坡人已有衣服，应该不是臆测[46]。这个时候人类已经开始了真正的纺纱织布，半坡文化时期织物已被普遍使用。纺轮所纺的纱线能大部分用于织造。且从数据中得知，此阶段能纺出直径为0.9~3.5mm的纱线，纺轮纺纱已经达到了相当高的水平。西安半坡遗址出土的陶片和石片的直径都在5~6cm，质量都在35g以上[11]。所以得出在当时的技术水平条件下，直径在5~6cm的纺轮，可纺的纱线直径范围为0.9~3.5mm。

2. 庙底沟遗址中的布纹痕迹（仰韶文化）

仰韶文化的庙底沟文化阶段也发现了布纹痕迹，如图3-37[47]所示。

3. 青台村遗址中的织物（仰韶文化）

郑州文物考古研究所（今郑州市文物考古研究院）在1981~1987年对河南青台仰韶文化遗址进行了发掘，出土了一批重要的文物。其中包括在4座瓮棺葬内出土的炭化纺织物，在窖穴内出土的距今5000~5500年的麻绳和麻布等[48]。它们分别为黏附在红陶片、头盖骨上的苎麻、大麻布纹和丝帛残片。在这里还发掘了浅绛色罗，组织十分稀疏，这是我国北方黄河流域迄今发现最早的丝织品实物[49-50]。具体痕迹如图3-38~图3-40所示[48]，纺织物的参数，如表3-17[49]所示。

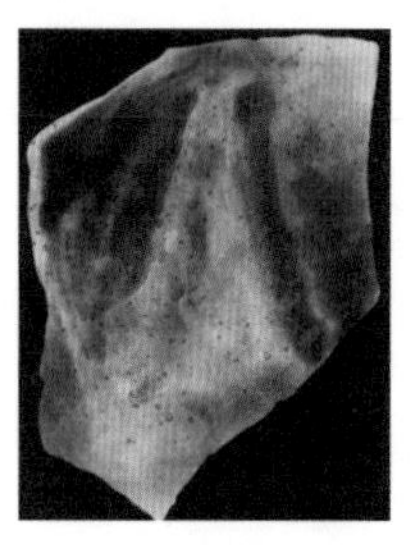
图3-37 河南庙底沟发现的平纹麻布印痕示意图

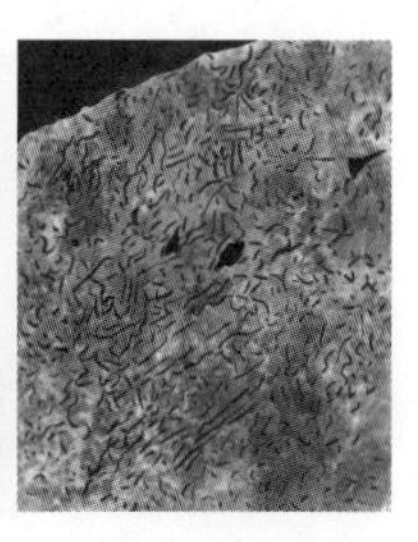

图3-38　荥阳青台遗址出土的麻布及其痕迹示意图

图3-39　青台遗址出土的头盖骨及黏附的纱迹示意图

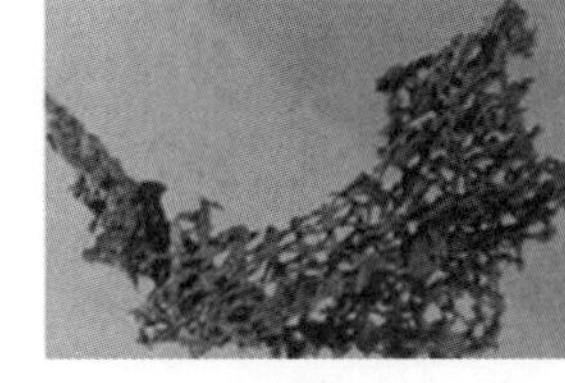

（a）浅绛色罗

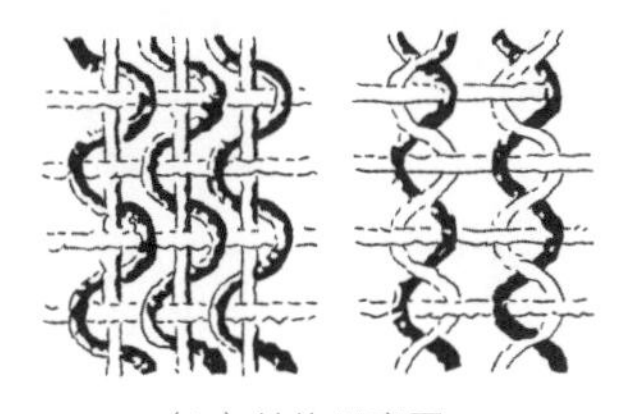

（b）结构示意图

图3-40　河南荥阳青台遗址出土的浅绛色罗（距今5500年）示意图

表3-17　荥阳青台遗址出土的纺织物的参数

序号	原料	织物组织	织物尺寸/（mm×mm）	经纱投影宽度/mm	纬纱投影宽度/mm	经向密度/（根/cm）	纬向密度/（根/cm）
1	麻	平纹	20×10	0.4~0.5	0.6	10.0	10.0
2	麻	平纹	35×40	0.2~0.3	0.2~0.3	12.0	12.0
3	麻	平纹	35×28	0.3~0.4	0.4~0.6	8.0~9.0	12.5
4	麻	平纹	48×25	0.2	0.3	9.0	8.0~9.0
5	麻	平纹	38×30	0.3	0.4	10.0	10.0
6	丝	平纹	30×25	0.2	0.3	10.0	8.0
7	丝	二经绞螺纹	25×12	0.2	0.4	30.0	8.0
8	麻	平纹	12×11	0.3	0.3	12.5	12.5
9	麻	平纹	12×11	0.3	0.3	12.5	12.5
10	麻	平纹	12×11	0.3	0.3	12.5	12.5
11	麻	绳	60×12	0.6	Z捻	S捻	

根据荥阳青台遗址出土的丝麻织物的参数[48]可以看出，此文化遗址内纺出的纱线直径范围为0.2~0.6mm，比半坡文化时期的纱线更细。

根据仰韶文化阶段发掘的纺轮特点分析，此阶段的纺轮已经开始了专门的烧制，且数量开始急剧增加，仅庙底沟就发掘上百件纺轮。这说明在该阶段纺织手工业开始

急剧发展，人类对其寄予的愿望更加迫切，从不同大小和形状纺轮的发现也可见一斑。半坡遗址纺轮的形状多为圆饼形，庙底沟纺轮的形状多为圆台形。无论是庙底沟文化阶段还是半坡文化阶段的纺轮，多属于中大型纺轮，平均直径为5.2cm，平均厚度为2.3cm。青台遗址发掘出土了大量纺轮（图3-41），质地有石、陶两种，石质纺轮的相对直径较大，一般为4.1~6.9cm，质量为48~110g；陶纺轮中红陶纺轮直径较小，为3.7~6cm，质量为27~112 g；灰陶纺轮直径为3.5~6.1cm，质量为17~102g[49]。

4．江苏吴县草鞋山葛织物（马家浜文化）

1972年，在距今约6200年的江苏吴县（今江苏省苏州市吴中区）草鞋山遗址中出土了三块葛织物残片，是我国已知最早的纺织品实物[51]。经上海市丝绸工业公司和上海市纺织科学研究院鉴定，其使用的纤维原料为野生的葛纤维，花纹为山形斜纹和菱形斜纹[52]。其中有绞织加绕织法织成的回纹条纹葛布（图3-42[47，50]）。

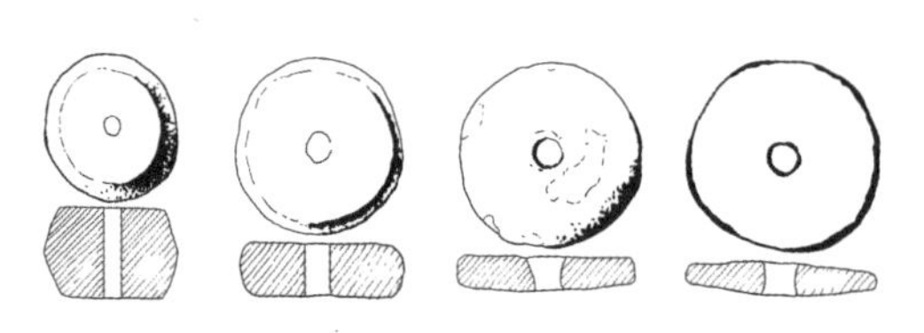

图3-41　荥阳青台遗址出土的纺轮示意图

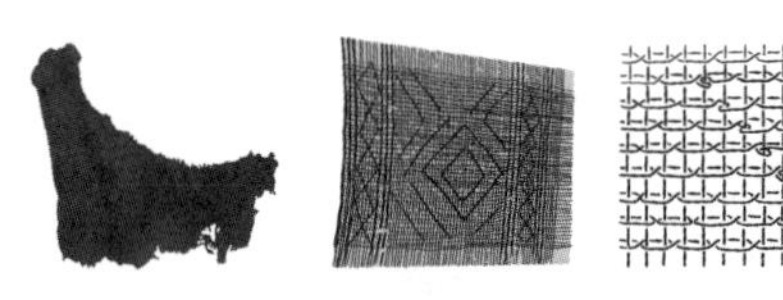

（a）葛织物　（b）复原织物　（c）结构示意图

图3-42　江苏吴县草鞋山遗址出土的葛织物（距今6300年）示意图

5．湖南澧县麻织物（大溪文化）

长江中游发现的新石器时代的纺织品，只有在城头山古文化遗址壕沟中出现的一块麻布，属于大溪文化[53]阶段。其特征综述如下：黑色，大小不一，形状不规整，均为平纹织物，纤维粗细和密度不均匀。粗线直径为0.5~0.7mm，细线直径为0.2~0.3mm，密度为9~24根/cm，原料未经分析，可能为麻纤维（图3-43[54]）。

大溪文化属于长江流域新石器时代晚期偏早的文化。在湖南、湖北地区发现了大量大溪文化阶段的纺轮。结合纺轮和织物特点判断，此阶段的纺轮已经能纺制直径为0.2~0.7mm的纱线，且织物的密度已经达到了24根/cm。

6．大汶口文化发掘织物痕迹

在黄河流域的大汶口文化遗址发掘的布纹痕迹较多。山东滕州市东沙河镇岗上村遗址出土的泥质黑陶罐底部布纹印痕（图3-44），经纬线为7~8根/cm，经纬线粗，稀疏不均匀[55]。考古发掘的大汶口文化布纹痕迹部分统计，如表3-18所示。

图3-43 澧县城头山古文化遗址发掘的纺织品示意图

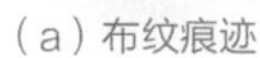

(a)布纹痕迹

(b)结构示意图

图3-44 山东滕州岗上村遗址布纹印痕(距今约4000~6000年)示意图

表3-18 大汶口文化的布纹痕迹

序号	遗址	布纹痕迹
1	泰安大汶口遗址	一种是在筒形杯底部的粗布纹痕迹;另一种是在陶质背壶底部的细密布纹痕迹[56]
2	曲阜南兴埠遗址	细布纹印痕,经(纬)密度为7~8根/cm[57]
3	邹城野店遗址	陶器底部有粗布纹痕迹,为平纹布。纹粗糙而硬直,可能是麻类纤维,经(纬)密度约8根/cm[58]
4	滕州市岗上村遗址	陶器底部有粗糙的麻布纹,经(纬)密度为7~8根/cm[55]
5	曲阜西夏侯遗址	陶器底部印有平纹布痕。最为细密清晰的为其中一件背壶底部的布痕,经(纬)密度多为6~8根/cm,也有10根/cm[59]
6	曲阜西夏侯遗址大汶口文化中期	器底布纹,纹较粗,经(纬)密度为6~9根/cm[59]
7	曲阜西夏侯遗址大汶口文化晚期	平纹布纹印痕存在于平底小鼎、钵底和大口罐的盖顶,从较清晰的印痕判断,经(纬)密度为5~6根/cm和8~9根/cm[60]
8	烟台长岛县大钦岛北村三条沟遗址	平纹布纹,经稀纬密,经(纬)密度为8~11根/cm[2]

大汶口文化阶段发掘了大量的纺轮,形状大小各异。根据出土资料分析,可以初步断定,大汶口文化阶段细布纹密度主要集中在7根/cm×8根/cm,部分地区达到了10根/cm×10根/cm,这可能是当时比较好的水平。因此推断在大汶口文化时期已经存在从事纺织业的手工业者,且他们的水平已相当高。

(三)新石器时代晚期偏晚阶段的织物及痕迹

1. 浙江吴兴钱山漾丝、麻织物(良渚文化)

1958年在浙江吴兴(今浙江省湖州市吴兴区)钱山漾良渚文化遗址出土了4900

年前的丝带、丝线和绢片，它们是我国在南方长江流域发现最早、最完整的丝织品[61]。经鉴定，原料都是家蚕丝[62]。第二次发掘时也出土了较多的丝麻织品，这些丝麻织品几乎都全部碳化，除了小块绢片。其中的一部分标本被送于浙江省纺织科学研究所鉴定，鉴定结果如表3-19[63]所示。

表3-19 钱山漾遗址出土的纺织物的参数

样品序号	织物组织	织物密度/（根/寸）	经纬线捻向	经纬线粗细比较	其他
1	平纹	60.0	Z型（捻回不明确）	经纬线粗细度比约为2：1	织物已碳化，表面有结晶状颗粒，大部分呈白色透明状，也有呈黄色者
2	平纹	40.0	Z型	粗细大致相似	织物已完全碳化，表面有白色结晶状颗粒，个别呈赤黄色，均透明
3	平纹	经78.0 纬50.0	S型	粗细大致相仿	织物已全部碳化，表面有结晶状颗粒，呈透明状
4	平纹	120.0	因成纱织物已经松散不易固定	粗细相仿	织物未碳化，表面有绒毛状和颗粒状结晶物，呈白色透明状
5	组合平纹	经72.0 纬64.0	S型	粗细相仿	织物已碳化，表面有微粒结晶物，呈灰白色

1979年浙江丝绸博物馆和浙江丝绸工学院（今浙江理工大学）对绢片进行了细致的研究和分析，经鉴定尚未碳化的黄褐色绢片为长丝平纹织，其长度为2.4cm，宽为1cm，表面平整光洁、细致、丝缕平直，经纬丝平均直径为167μm[62]（图3-45[62]）。绢片实物的出土，又一次证明了原始先民对养蚕、缫丝、织绸等技术的掌握已经达到一定的水平。

1958年钱山漾遗址还出土了几块苎麻布残片。其经密为24~31根/cm，纬密为16~20根/cm，与现代的细麻布相差不多，比草鞋山遗址中的葛布的纺织技术更进一步。经显微镜鉴定，苎麻布残片的股线疏松且较粗，光洁度不好，且多毛羽，苎麻布残片中股线的直径为286μm，在测得的单纤维直径中，大的为28.6μm，小的为11μm[64]（图3-46[64]）。

另外，钱山漾遗址还出土了带有几何印纹的陶器及碎片。其中一件圆底微凹，陶罐有布纹痕迹（图3-47），整个布纹痕迹直径约13.4cm，纱线密度约29根/10cm，纱线的直径为3.4mm[63]。将此痕迹与该遗址中出土的平纹丝织物和麻织物进行对比可以推断，该布纹痕迹为平纹的织物印痕[63]。这是我国迄今发现的年代最早的丝织品实物，说明早在四千多年前的良渚文化时期，华夏丝织业已达到一定水平[61]。

同时该遗址中还出土了新石器时代的纺轮42件[64]。纺轮的形状最开始有馒头形和圆饼形（图3-48）。圆饼形纺轮上小下大，两面平坦，周边斜，底面直径2.6~4.4cm，少数有圆点和辐射纹。在第三次发掘中，纺轮的形状新增了圆台形。第三次发掘的纺轮具体尺寸为：馒头形截面的纺轮直径3.6cm、高1.2cm；长方形截面的纺轮直径4.1cm、高0.8cm；梯形截面的纺轮上径2.6cm、下径3.3cm、高1cm[65]。

（a）绢片示意图

（b）细节放大图

图3-45　钱山漾遗址出土的绢片（距今约4750年）示意图

（a）麻布示意图

（b）细节放大图

图3-46　钱山漾遗址出土的麻布片（距今约4765年）示意图

（a）陶钵示意图

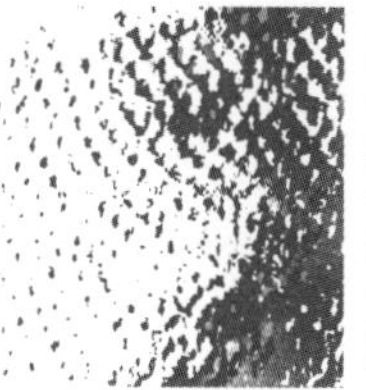

（b）细节放大图

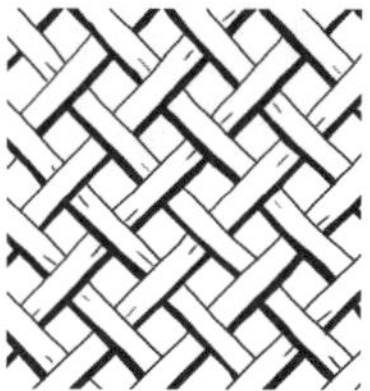

（c）结构示意图

图3-47　钱山漾遗址出土的陶罐上的布纹（距今约4700年）示意图

图3-48　钱山漾遗址出土的黑陶纺轮示意图

2．龙山文化遗址发掘的布纹痕迹

从布纹痕迹中可以看出，纺织在龙山文化阶段的发展脚步并没有停滞。姚官庄遗址中的龙山文化阶段的布纹密度相较于大汶口文化晚期的来说更加细致紧密，经（纬）密度可以达到10~11根/cm，野店遗址中的大汶口文化晚期阶段的布纹，其经（纬）密度为7~8根/cm，姚官庄遗址出土的细布纹可以与现代农村自家织造的粗布纹媲美[60]。

潍县（今山东省潍坊市）鲁家口遗址出土的带有布纹印痕的陶片多见于夹砂陶罐底部，经（纬）线密度为9~11根/cm，织物的组织结构为平纹[66]。

龙山文化时期，山东人的纺织手工业生产技术水平比大汶口文化时期有进步。出土的纺织工具（主要是纺轮）在出土的生产工具中或陶器中所占比例较大，反映了该时期纺织业相当普遍[67]，出土的布纹经（纬）密度为9~11根/cm，而大汶口文

化时期，布纹经（纬）密度一般为7~8根/cm，8~11根/cm经（纬）密度布纹的出现属于极个别现象。龙山文化时期，布纹经（纬）密度为9~11根/cm，属于当时非常普遍的水平[68]。

3．新疆发掘的毛织物

1979年，新疆文物考古研究所在罗布淖尔地区发现大量用羊毛和羊绒织成的毛毯和毛布，其毛线粗细均匀，毯面组织平整[69]。罗布泊小河墓地出土了距今3500~4000年的绞编毛织物，如捆裹法杖用的绞编毛帘（图3-49）[70]和绞编腰衣[70]等。腰衣采用绞编和斜编相结合的方法，将黄棕色Z捻毛绳编结成质地结实紧密的带状织物，组织结构是类似草篓的二上一下斜绞法，织带厚约0.45cm，其下均匀地穿有毛绳饰穗，制作非常精巧，为一款绳裙式腰衣[71]（图3-50）。

图3-49　罗布泊小河墓地出土的绞编毛帘和包裹后的法杖[70]

图3-50　小河墓地出土的绞编腰衣局部及组织结构细节

另外在若羌县小河墓地出土了距今3800年的残存一半的圆帽、毛织腰衣、毛织斗篷、刺绣毛布裤、毛布上衣及毛纱帔巾等。圆帽毡（图3-51）厚约1.5cm，加捻的合股浅红色毛绳粗约0.3cm；女性毛织腰衣（图3-52）为平纹组织，经纬均采用羊毛纱，用棕、白两色相间织出竖向条纹；毛织斗篷（图3-53）为原白色，在织面上，用红色毛线绣出四道与幅边平行的经向红色条带，条带下端编结成穗，与斗篷一端边缘伸出的原色饰穗平齐[72]。

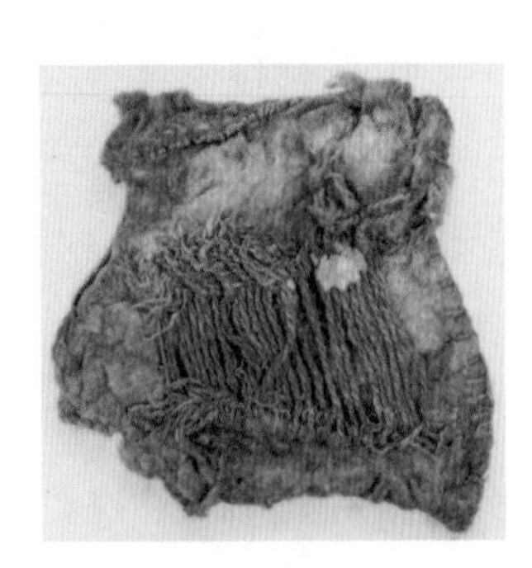

图3-51　圆毡帽

图3-52　女性毛织腰衣

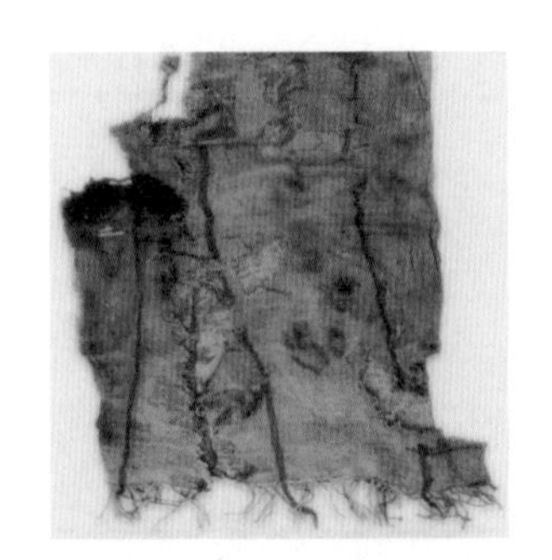

图3-53　毛织斗篷

哈密五堡墓群出土了距今3000多年的咖啡色刺绣毛布裤（图3-54）、竖条纹毛布上衣（图3-55）。毛布上衣为平纹织物，经纬线均为“Z”向加捻，且粗细均匀，经密为9根/cm，纬密为26根/cm[71]；且末扎滚鲁克古墓群出土了距今2800年左右的轻薄柔软毛纱帔巾，呈长方形[72]（图3-56），用浅蓝色毛纱缝制。

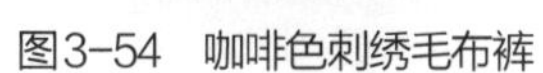

图3-54　咖啡色刺绣毛布裤

图3-55　竖条纹毛布上衣

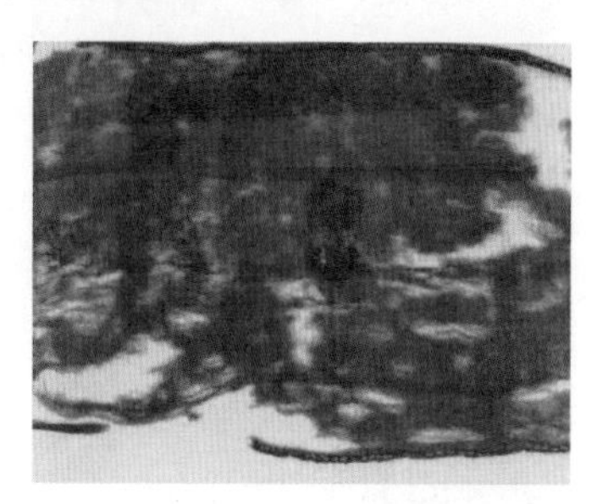

图3-56　浅蓝色毛纱帔巾

二、从复原实验看新石器时代纺纱水平

用纺轮纺出的纱线在不同纱段其直径存在一定的差异性，即条干不匀率较大，且麻和毛的毛羽较棉会多很多（图3-57）。不同直径纺轮所纺纱线的强度，如表3-20所示。从表中可以看出，纺轮纺出的纱线强度良好，具备了纺用性能。

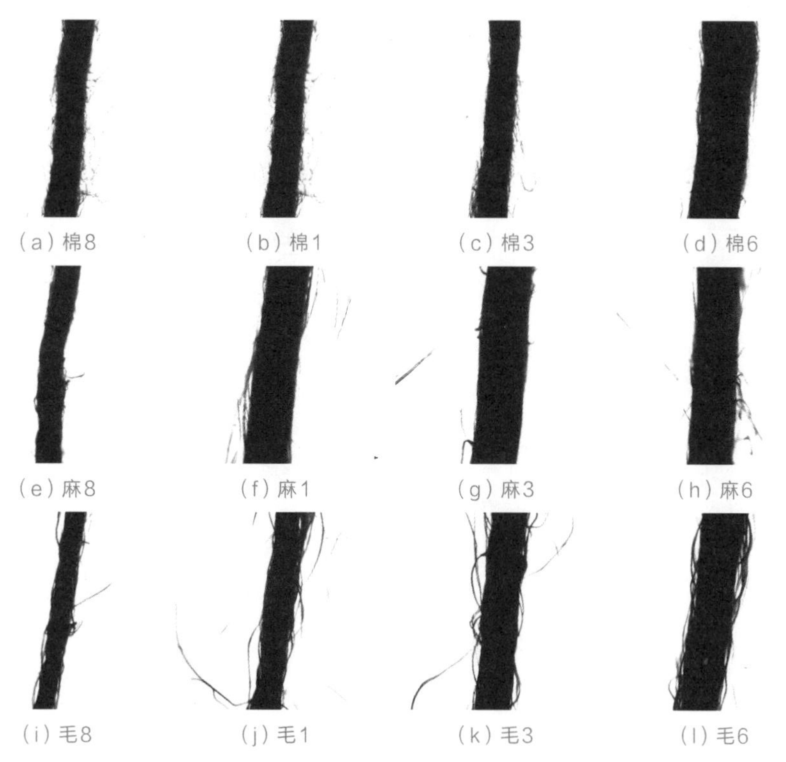

图3-57　不同纺轮纺出的纱线电子显微镜照片

表3-20 不同质量、不同直径的纺轮所纺纱线的强度

纺轮编号	纺轮质量/g	纺轮直径/cm	纱线强度/（cN/dtex）		
			棉	麻	毛
1	11.5	4.2	1321.2	1353.8	204.7
8	11.5	2.2	224.4	1642.9	134.0
3	50.0	4.2	1595.8	2188.5	455.8
6	64.8	6.4	1464.4	1830.0	415.4

结合考古发掘织物及其痕迹可以看出，在新石器时代晚期人类已经能用麻、毛、丝纤维纺纱，纺出的纱线直径为0.2~1mm。另外，根据各文化阶段纺轮的形制数据（表2-34），以及实验验证中不同直径、不同质量的纺轮纺纱情况（表3-20）可推断出，新石器时代中期、新石器时代晚期偏早和新石器时代晚期偏晚阶段，我国的先民纺纱工艺水平（表3-21）。即在新石器时代中期，纺纱开始萌芽，纺纱处于探索阶段。根据考古发掘的纺轮形制推断，此时已经能纺出直径小于1mm的纱线，但是由于纺轮结构的不规整、纺纱工艺水平不稳定等因素，纱线结构不稳定，条干、毛羽等不匀率较大。随着纺轮的发展，纺纱工艺水平提升，人类能根据需要选择纺轮和选择所纺纱线的直径，且越到后期这种可控性越强。同时纱线的直径、条干、毛羽等也在减少。

表3-21 新石器时代纺纱水平

时间	新石器时代中期	新石器时代晚期偏早	新石器时代晚期偏晚
纺轮平均直径、厚度、孔径/cm	4.8、0.6、0.5	5.0、1.6、0.7	4.3、1.0、0.5
纺轮数量	较少	较多	较多
纱线直径/mm	没有明显织物及痕迹，主要为编纺品	0.2~0.6	0.2~0.6
所处阶段	萌芽探索阶段	发展阶段	成熟阶段
主要纺纱原料	麻、葛	麻、葛、毛、丝	麻、葛、毛、丝
纱线主要集中直径/mm	0.2~3.5	0.2~3.5	0.1~0.5
纺纱工艺	不稳定	较稳定	稳定
其他	条干不匀率大，毛羽多	条干不匀率改善，毛羽减少	条干不匀率改善，毛羽少

○ 本章小结

根据造物设计理论及实用性分析，纺轮的耐用性也是考量的重点。纺轮设计的基本原则是省时、省力、省心。这一设计原则的实现主要靠改变纺轮的材质和形状。

纺轮的旋转具有以下四个特点：一是依靠重量惯性旋转；二是转动轨迹分为自转和公转；三是纺轮的运动是一个加速、匀速、再减速的过程；四是由于人为因素的影响，纺轮每次的加速运动之间存在一定的差异性。不同材料的纺轮具有不同的转动特性，石纺轮的转动功能大于陶纺轮。根据石、陶纺轮地理位置分布差异及其转动特性，石纺轮多用于纺羊毛等高模量纤维。不同形状、相同直径和质量的纺轮具有的不同转动惯量，圆饼形纺轮的转动惯量大于其他形状的纺轮。

圆饼形纺轮最适合纺纱，且根据理论分析和实验验证，纺轮直径是纱线细度的最大相关量，纤维类别是纱线捻度的最大相关量。在一定质量范围内，纺轮的质量决定了原材料类别。纺轮的孔径大小对纱线细度也有影响。不同形状纺轮的使用存在一定的地域特点，这主要是由地理环境和人文习惯决定的。大中型纺轮更适合纺麻、毛等粗支纱，而中小型纺轮更适合纺低支纱。

纺轮的发展演变实际是一个将人为因素影响降到最低的过程，即无论何人用同一纺轮来纺纱都能实现纺轮功用的最大化，纺轮的纺纱质量不会因人而异。纺轮的发展演变同时也是寻找适纺性更广的纺轮、提升纺轮人为可控性的结果。纺轮与纺纱类别不是一一对应的关系，而是一对多的关系，这种一对多也存在于一定的范围区间。纺轮看似构造简单，但是其纺纱过程是一个非常复杂的体系。因为有人的参与使整个纺纱系统更为复杂，同样也是因为人的参与使纺轮纺纱的可控性增强。

根据考古发掘及实验验证分析，新石器时代早期、中期为纺纱发展的萌芽阶段，人类已经开始顺利纺纱，纺轮纺出的纱线直径为0.2~3.5mm。新石器时代晚期是纺纱发展的鼎盛时期，特别是在晚期偏晚阶段，纺轮能够纺出直径为0.1mm的纱线。纺轮纺纱的稳定性及所纺纱线的质量，如条干均匀率、强度等都得到显著提升，毛羽率也减少了。

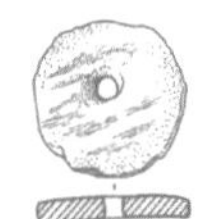

参考文献

[1] 李亮之. 人类设计发展轨迹[J]. 江南大学学报：人文社会科学版，2003(5):100-105.

[2] 严文明，李前亭. 山东长岛县史前遗址[J]. 史前研究，1983(1):114-130.

[3] 陈忠海. 中国的"两河文明"[J]. 中国发展观察，2017(11):63-64.

[4] 张东. 重回河姆渡[M]. 上海：上海古籍出版社，2010:78.

[5] 郭晓. 构建中国特色设计学学科发展史[J]. 艺术教育，2018(15):8-11.

[6] 张振. 中国传统设计思想[J]. 学术论文联合对比库，2013.

[7] 许晓燕. 以史为镜 知古鉴今——先秦楚漆器研究[D].武汉：武汉理工大学，2012.

[8] 柳冠中. 苹果集：设计文化论[M]. 哈尔滨：黑龙江科学技术出版社，1995:94.

[9] KATHRYN A K, JOHN C, et al. A ritual spindle whorl deposit from the late classic maya site of El pilar,Belize [J]. Journal of Field Archaeology, 2006,31(4):411-423.

[10] CHMIELEWSKI T, GARDYNSKI L. New frames of archaeometrical description of spindle whorls: a case study of the late eneolithic spindle whorls from the 1C site in Grodek,district of Hrubieszow, Poland[J]. Archeometry, 2010,52(5):869,881.

[11] 罗瑞林. 纺轮初探[J]. 中国纺织科技史资料，1981(6): 34-40.

[12] 汪英华，吴春雨. 内蒙古庙子沟、大坝沟遗址出土纺轮的分析与探讨[J]. 草原文物，2013(1):91-95.

[13] KATHRYN K. Spindle whorl, gender, and ethnicity at late chalcolithic hacinebi tepe[J].Journal of Field Archaeology, 1998,25(4):497-515.

[14] 吴文旺. 求解刚体转动惯量的一种简捷方法[J]. 工科物理，1997(2):16-19.

[15] 郑民伟. 椭圆环刚体转动惯量的求解[J]. 数理医药学志，2009,22(6):735-736.

[16] SUSAN A. Spindle whorls and fiber production at Early Cahokian Settlements[J]. Southeastern Archaeology,1999,18(2):124-134 .

[17] 贾汉清. 湖北荆州市阴湘城遗址1995年发掘简报[J]. 考古，1998(1):17-28.

[18] 湖北省文物考古研究所. 1985—1986年宜昌白庙遗址发掘简报[J]. 江汉考

古,1996(3):1-12.

[19] RAO Jue, CHENG Longdi, LIU Yunying. The development of spinning wheel in ancient China[J]. Textila Industria, 2019, 70(2):120-124.

[20] 湖南省文物考古研究所. 澧县城头山——新石器时代遗址发掘报告(下)[M]. 北京:文物出版社,2007:171.

[21] 湖北荆州博物馆,等. 天门石家河考古发掘报告之一:肖家屋脊(上册)[M]. 北京:文物出版社,1999.

[22] 孟德斯鸠.论法的精神(上册)[M]. 张雁深,译. 上海:商务印书馆,1987:388-391.

[23] HOCHBERG, Bette. Handspindles[M]. Santa Cruz: Bette and Bernard Hochberg, 1977.

[24] LIU, ROBERT. Spinning wheels: Pt. I, some comments and speculations[J]. The Bead Journal, 1978(3):87-103.

[25] 陈维稷. 中国纺织科学技术史(古代部分)[M]. 北京: 科学出版社, 1984.

[26] VALLINHEIMO V. Das spinnen in Finnland, Kansatieteellinen Arkisto[J]. Suomen Muinai Smuistoyhdisty Helsinki, 1956.

[27] 于伟东. 纺织材料学[M]. 2版. 北京:中国纺织出版社,2018:123.

[28] 崔红. 自捻纺纱纱线结构与力学性能分析[D]. 上海:东华大学,2012.

[29] 王镟,张知佑. 自捻捻度与纤维条捻度之间理论关系的论证[J]. 纺织学报,1987(11):691-694.

[30] 龙博,赵晔,周旸,等. 浙江地区新石器时代纺轮的调查研究[J]. 丝绸,2013,50(8):6-12.

[31] BARBER E J W. Prehistoric textiles: the development of cloth in the neolithic and bronze ages [M]. New Jersey: Princeton University Press,1991:91-393.

[32] KARINA G. Efficiency and technique-experiments with original spinning wheels[J]. Hallstatt Textiles, 2005:107-116.

[33] JOSEPH N. Science and civilization in China (Vol 5-9): chemistry and chemical technology, textile technology spinning and reeling[M]. New York: Cambridge University Press, 1998: 60,147.

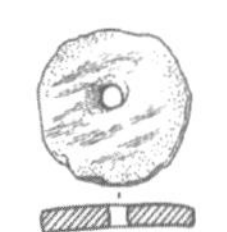

[34] 赵承泽. 中国科学技术史(纺织卷)[M]. 北京:科学出版社,2002:160-161.

[35] BRUMFIEL, ELIZABATH M. Women's production in Aztec Mexico[J]. Energy Archaeology, 1991:224-254.

[36] BRUMFIEL, ELIZABATH M. The place of evidence in archaeological argument[J]. American Antiquty, 1996(61):453-462.

[37] PARSONS, MARY Hroncs. Spinning wheels from the Teouhuscan Valley, Mexjco[J]. University of Michigan Museum of Anthropology, 1972: 45-80.

[38] PARSONS, MARY Hroncs. The distribution of late postclassic spinning wheels in Valley of Mexjco[J]. American Antiquity,1975(40):207-215.

[39] 郑永东. 浅谈纺轮及原始纺织[J]. 平顶山师专学报(社会科学),1998(5):71-72.

[40] 乔登云,刘勇. 磁山文化河北考古大发现[M]. 石家庄:花山文艺出版社,2006:96.

[41] 吴汝祚,万树瀛. 山东滕县北辛遗址发掘报告[J]. 考古学报,1984(2):159-191.

[42] 曾抗. 中国纺织史话[M]. 合肥:黄山出版社,1997:50.

[43] http://www. banpomuseum. com. cn.

[44] 戴自怡. 中华原始服饰与石器时期文化源流考[J]. 国际纺织导报,2011,39(7):52,54-56,58.

[45] 西安半坡博物馆,临潼县文化馆. 1972年春临潼姜寨遗址发掘简报[J]. 考古,1973(3): 134-145.

[46] 半坡博物馆. 半坡遗址画册[M]. 西安:陕西人民美术出版社,1987:26.

[47] 黄能馥,陈娟娟. 中国服装史 [M]. 北京:中国旅游出版社 2001:1-13.

[48] 郑州市文物考古研究所. 荥阳青台遗址出土纺织物的报告[J]. 中原文物,1999(3):4-9.

[49] 张松林,高汉玉. 荥阳青台遗址出土丝麻织品观察与研究[J]. 中原文物,1999(3):10-16.

[50] 纪明明. 论织的起源[D].上海:东华大学,2015.

[51] 于伟东,纪明明. 织的定义与溯源[J]. 纺织学报,2017,38(3):49-55.

[52] 南京博物馆. 江苏吴县草鞋山遗址[J]. 文物资料丛刊,1980(3):1-4.

[53] 湖南省文物考古研究所. 湖南考古漫步[M]. 长沙:湖南美术出版社,1999.
[54] 湖南省文物考古研究所. 澧县城头山:新石器时代遗址发掘报告(下)[M]. 北京:文物出版社,2007:179.
[55] 王思礼,蒋英炬. 山东滕县岗上村新石器时代墓葬试掘报告[J]. 考古,1963(7):351-361.
[56] 吴汝祚,万树瀛. 山东滕县北辛遗址发掘报告[J]. 考古学报,1984(2):159-191.
[57] 薛金度,胡秉华. 山东泗水、兖州考古调查简报[J]. 考古,1965(1):6-12.
[58] 山东省博物,山东省文物考古研究所. 邹县野店[M]. 北京:文物出版社,1985:43.
[59] 高广仁,任式楠. 山东曲阜西夏侯遗址第一次发掘报告[J]. 考古学报,1964(2):57-106.
[60] 中国社会科学院考古所山东工作队. 西夏侯遗址第二次发掘报告[J]. 考古学报,1986(3):307-338.
[61] 陈明远,金岷彬. 结绳记事·木石复合工具的绳索和穿孔技术[J]. 社会科学论坛,2014(6):4-25.
[62] 周匡明. 钱山漾残绢片出土的启示[J]. 文物,1980(1):74-77.
[63] 徐辉,区秋明,李茂松,等. 对钱山漾出土丝织品的验证[J]. 丝绸,1981(2):43-45.
[64] 浙江省文物管理委员会. 吴兴钱山漾遗址第一、二次发掘报告[J]. 考古学报,1960(2):73-91.
[65] 丁品. 浙江湖州钱山漾遗址第三次发掘简报[J]. 文物,2010(7):4-26.
[66] 韩榕. 潍县鲁家口新石器时代遗址[J]. 考古学报,1985(3):313-351.
[67] 逄振镐. 东夷史前纺织业简论[J]. 齐鲁学刊,1989(4):2-6.
[68] 王炳华. 孔雀河古墓沟发掘及其初步研究[J]. 新疆社会科学,1983(1):117-128.
[69] 周启澄. 略论纺织科学技术在中华民族文化中的历史地位[J]. 上海纺织工学院学报,1979(1):108-112.
[70] 中国丝绸博物馆,新疆维吾尔自治区文物考古研究所. 瀚海沉舟:新疆小河墓地出土毛织物整理与研究[M]. 2013.

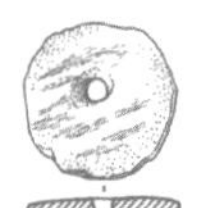

[71] 信晓瑜. 公元前2000年到公元前200年的新疆史前服饰研究[D]. 上海：东华大学，2016.

[72] 周菁葆. 史前时期西域的毛纺织艺术[J]，新疆艺术，2019(3)：4-10.

第四章

纺轮到环锭纺纺技术的传承与演变

纺轮虽小，却充分利用了重力牵伸和旋转加捻的科学原理，将牵伸、加捻、卷绕汇聚于一身，其纺纱的数量和质量都相对稳定，甚至有时用纺轮纺出的纱线比用手摇纺车或机械纺成的纱线的质量都要好。它是我国纺织技术发展史上一个重要的里程碑。纺轮是现代纺锭的鼻祖，是机械纺织的先驱。它不仅开辟了人类使用工具进行纺织加工的技术先河，也为人类纺织业的发展奠定了良好的基础。

但由于纺轮纺纱速度慢、劳动费力、容易疲劳、纱线捻度也不均匀，不适应大批量的生产，且纱线质量因人而异。随着时间的推移，这种原始的纺麻工具越来越不能适应社会经济发展的需要，所以在时代的发展潮流中逐渐被纺车、走锭纺、环锭纺等所取代。从原始手工操作到纺织的机械化、大工业化，纺纱基本的原理都没有改变，而今根据传统原理设计的纺纱织布机器，仍是世界纺织工业的主要设备。特别是环锭纺，已经使用了近200年，至今仍是主流的纺纱方法[1]。环锭纺纱线是所有纱线中对纤维强度利用率最高的一种[2]，它的优势在于一方面继承了传统的纺纱原理，另一方面在原有的技术上创新了加捻和卷绕方法。正是在这种传承与创新中，纺纱技术才得以不断进步。

世界上万事万物都有其发生、兴盛和消亡的运动规律，人类生产工具的发展史也不例外[3]。新工具的出现，大都否定了老工具的缺点和不足，同时也继承了其有用之处。在新的发展条件下，曾经被否定的东西，有可能以另外一种形态重新加以利用[4]。本章基于纺纱的三大步骤——牵伸、加捻、卷绕，对比分析纺轮、纺车、走锭纺和环锭纺的牵伸、加捻和卷绕工艺和装置，探索纺轮纺纱工艺及其部件在历史进程中的传承和演化的过程和结果。希望能对现代纺纱结构的改进和发展提供参考和借鉴。

第一节

纺轮、纺车、走锭纺、环锭纺纺纱

一、纺轮纺纱

纺轮纺纱依靠的是惯性力。给纺轮施加一个初始力矩，纺轮依靠重量旋转数圈。纺轮旋转一圈便给纱线加上一个捻回。纤维加捻的力在纺轮的持续旋转中不断地沿着捻杆的方向往上传递，同时纤维在人手的配合下不断被牵伸加捻。待纱纺到一定的长度，将纺好的纱卷绕在捻杆上即完成了一个“纺纱”过程。在纺轮纺纱的发展过程中，除了纺轮的形状、大小在变，用于纺纱的工具数量也在改变，根据使用工具的差异可将纺轮纺纱分为吊锭纺和转锭纺两种。

（一）吊锭纺

吊锭纺纺纱时先要将待纺的散乱纤维放在高处，或者用左手握住，或者以一定的方式缠绕在肩膀上，再从其中牵伸抽捻出一小段固定于捻杆的上端，然后用右手转动捻杆，使纺轮在空中不停地向左或向右旋转。同时从手中不断地牵伸释放纤维（在释放过程中，由于加捻端和牵伸区非常接近，有时候牵伸前需要将加捻端进行一定程度的解捻以保证牵伸的顺利进行），纤维在纺轮的旋转和下降过程中得到牵伸和加捻，待纺到一定的长度，将纺好的纱卷绕在捻杆上，如此反复（图4–1）。

吊锭纺纺纱的主要部件为捻杆和纺轮。根据捻杆顶端结构的不同又可分为四种（图4–2）：一是尖端直杆；二是杆的顶端有凹槽；三是杆的顶端带孔可插入细棒；四是顶端带弯钩，这种带弯钩的捻杆战国后期才出现[5]。这些杆结构的存在为纺纱之初固定纱线及保证捻回的有效传递提供了保障。

纺轮中另外一个部件便是圆饼形、馒头形、算珠形等不同形状和大小的纺轮，它是动力的维持者。吊锭纺纺纱捻杆由于没有任何支撑，所以它除了转动还会摆动，这个摆动的存在消耗了一部分能量，导致纺纱效率也会有所降低。

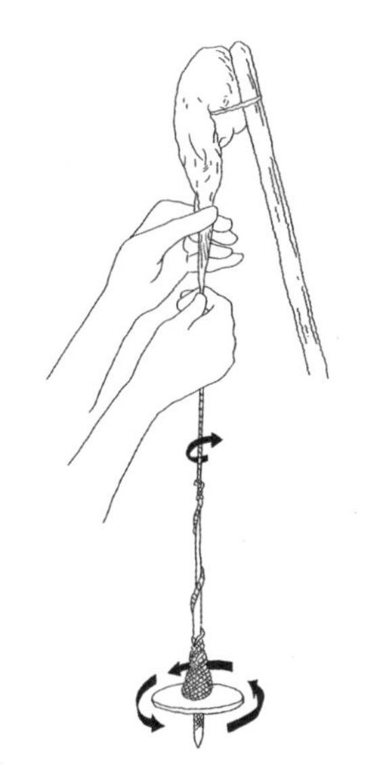

图4–1　吊锭纺纺纱示意图

（二）转锭纺

转锭纺所用的是串心插杆式，使用时，纺轮倾斜倚放或者竖立放在碗状器里，让纺轮旋转时固定轨道（图4-3）。这个固定的轨道有效避免了纺轮在空中不可控的摆动，但是缺点是必须携带更多的工具，便携性降低。但是在纺纱工艺上，转锭纺避免了纺轮牵伸作用的发生，牵伸几乎全部由人来控制，所以用这种方法纺纱使同一纺轮可纺纱的种类提升，由于过度牵伸导致的断头现象也会减少。所以总体上来说对于纺纱效率的提升是有益的，且转锭纺的捻杆就一种结构（图4-4）。

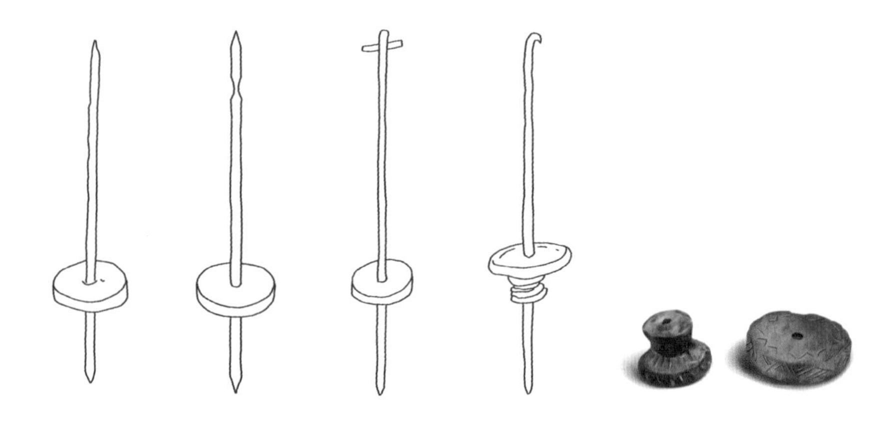

（a）尖端直杆（b）顶端有凹槽（c）顶端带孔（d）顶端带弯钩　（e）纺轮

图4-2　吊锭纺主要部件

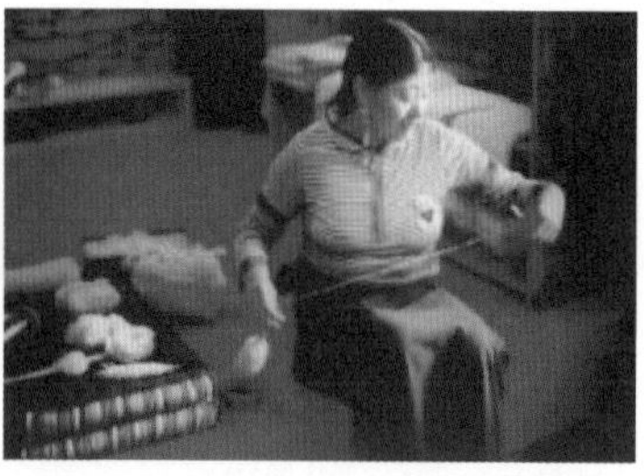

图4-3　转锭纺纺纱

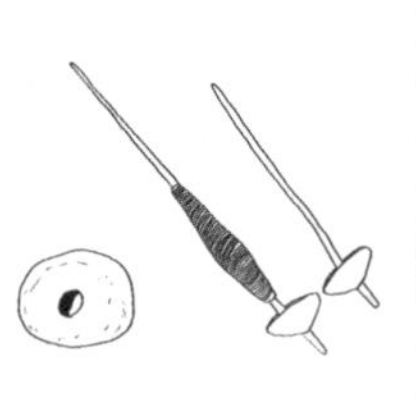

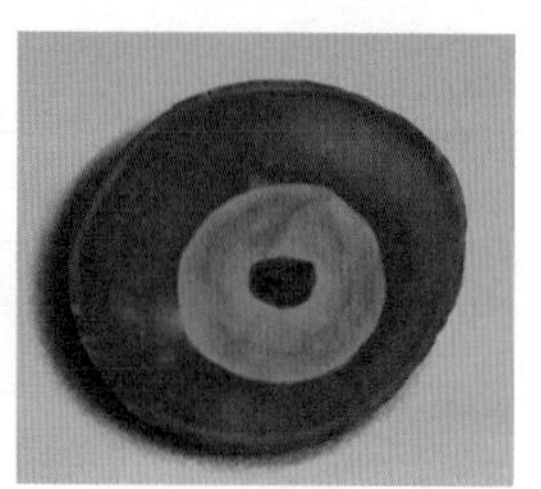

（a）直杆　（b）纺轮　（c）碗状器

图4-4　转锭纺主要部件

相对于吊锭纺，转锭纺又多了一个器件，即支撑纺轮的碗状器。这个碗状器底部越小越好，这样能有效避免纺轮做其他运动，且与碗接触的捻杆顶端越尖越好，保证纺轮与碗的接触面积尽可能小，减少由于捻杆与碗的摩擦带来的能耗。

（三）纺轮纺纱的优缺点

纺轮的出现，给远古时期的社会生产和生活带来了巨大的影响。它是我国纺纱工具发展的起点，是人类纺纱发展史上里程碑式的创造。它集牵伸、加捻、卷绕于一身，能有效、便携地将散乱的纤维在短时间内加工成人类需求的粗细、软硬可控制的长纱线，有效提升了新石器时代人类生产和生活的方式。虽然纺轮的诞生使人类从搓绩时代步入了细线的岁月，但是随着生产的发展和人类需求的不断提升，其缺点也慢慢凸显出来。

纺轮属于间歇式的加捻方式，效率低。且纺轮旋转效率和人为因素等都影响和限制了其发展。随着人口数量的急剧增加，人类迫切需要更好更快的工具来取代它。

二、手摇纺车纺纱

随着生产的发展，纺车应运而生。纺车具体是什么时候出现的，现在还无法确定。有学者认为商周前后纺车已经出现[6]，也有学者根据长沙出土的战国时代的一块麻布，认为只有纺车才能纺出，所以推测纺车大约在战国时期出现[7]。根据专家学者的推断，手摇纺车的使用历史至少已有2000年。手摇纺车的基本结构主要包括绳轮和锭子。绳轮是相距20~25cm的两个用竹片或者木片圈成的圆环，并且分别以竹竿或木杆为辐撑于轴上，绳轮直径一般在60~150cm[8]。锭子多用木、竹制成，一端伸出木柱之外，另一端则固定于左侧木框的两柱之间。柱内一端的外面套上芦管或竹管，用于卷绕纱线，纱线绕上之后就成了纡子。纺车纺纱，一般左手持散纤维把端头蘸水粘在锭杆上，右手摇动摇柄，主动轮带动锭杆迅速旋转，持纱手即左手的高度与锭杆平齐，且左手一边纺纱一边向后移动，纺好的线达到最长时将手抬高，把纱线贮在锭杆上。然后，持纱手降回到与锭杆相同的高度以方便纺下一段纱线。如此循环往复便能纺得所需要的纱线。

纺车的核心部件——绳轮与锭子通过绳索形成环状，传动的绳索在传动轮和锭子上做循环运动，通过传动的绳索对传动轮的摩擦带动绳索对锭子的摩擦，从而转动锭子，进而纺纱。通常，转轮直径是锭子直径的数十倍，两者以绳索或皮带相连。摇柄位于大转轮中心，转动摇柄时，大转轮即开始转动。由于转轮和锭子直径相差

数十倍，转轮转动一周，锭子就会转动数十圈。作用力的作用点还是在锭杆上，但是这个力是通过绳轮摩擦传递过来的。

（一）卧式

卧式手摇纺车的主要机构也是锭子、绳轮和用于摇动的手柄。生活中比较常见的卧式手摇纺车是锭子在人的左手边，而绳轮和手柄在人的右手边，锭子和绳轮通过绳弦来连接传动（图4–5）。因卧式更适合一家一户的农村副业之用，故一直沿袭流传至今。

图4–5　卧式手摇纺车纺纱

卧式手摇纺车的锭子状态分为两种：一种是平行于地面，另一种是向下倾斜。这一平一斜能有效解决人的劳动强度。平行于地面的锭子，在纺纱过程中需要人手抬得更高，使纱线与锭杆成90°夹角，这样才能有效张紧纱线，且纱线卷绕时需要更加谨慎小心，避免卷绕过程中纱线滑落。但是倾斜的锭子，纱线与锭杆所成的夹角可以在90°~180°范围内根据纺纱者的需要变换，人也会更加省力省心。

连接绳轮与锭杆的车弦的安装方式能有效解决纱线S捻和Z捻的问题，其安装方式如图4–6所示[2]。非交叉的传送带纺出的纱线为Z捻，交叉的传送带纺出的纱线为S捻[2]。

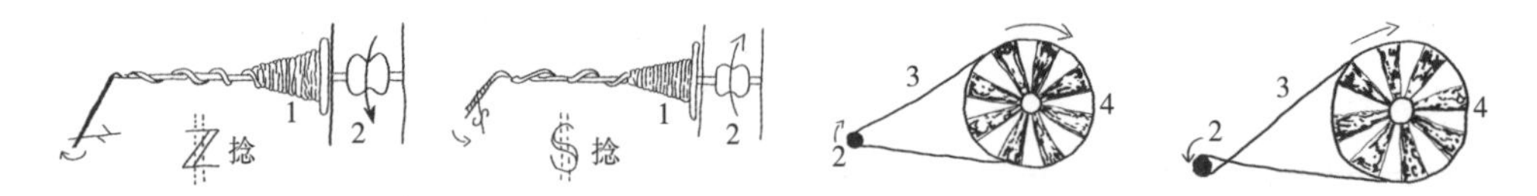

图4–6　纺车传动带布置方法

（二）立式

另一种手摇纺车，是把锭子安装固定在绳轮的上方，同样是通过绳轮传动，称为立式。中国五代时期的莫高窟壁画中已经出现了立式手摇纺车，它是第6窟北壁

《华严经变》上绘的一架纺车（图4–7[9]、图4–8）。卧式由一人操作，而立式需要二人同时配合操作。

立式手摇纺车的工作原理与卧式原理相同，只是立式的能增加锭子的数量，将单锭变为多锭，这样能有效提升纺纱效率。

图4–7　莫高窟纺车图

图4–8　立式手摇纺车示意图

（三）手摇纺车纺纱优缺点

与纺轮相比，手摇纺车有较高的生产效率。单锭的手摇纺车的生产效率高于纺轮大约20倍[10]。另外它还可以根据不同的需求，高质量地加捻、并合不同粗细的纱和线。由于手摇纺车具有容易操作、结构简单、占地面积小的特点，所以从它出现和使用以来，一直受到我国广大劳动人民的青睐，即使在更先进的纺纱工具——脚踏纺车出现后，它也没有被完全摒弃和淘汰，至今部分少数民族地区都一直在使用。

但是手摇纺车仍然没有摆脱人为因素的影响，其牵伸、加捻工艺等仍然根据人的不同而有所不同，即经验值在纺纱系统中仍然占据一定的比例。其成纱条干均匀度、强力均匀度等都较差，与日益提升的人类的生产生活水平相比，其生产效率开始变得不能满足人类的需求。特别是受到西方工业革命的影响，纺车逐渐被全机械化工具所取代。

三、走锭纺纺纱

英国人塞缪尔·克伦普顿于1779年发明了走锭精纺机。走锭精纺机继承了珍妮纺纱机交替踏板的技术和水力纺纱机不用人手的特点，使纺纱完全脱离手工，成为机器化生产，同时织出了更细的纱线。在英国，人们把瓦特发明的蒸汽机首先应用到克伦普顿的纺纱机上，产生巨大效益，纺织业自此成为英国工业革命的开端。这种纺纱机可以生产出既精细又结实的纱，克伦普顿把这种机械叫作“走锭精纺机”。“走锭精纺机”实际上是一种“骡性”机械，骡是公驴和母马相配的产物，而“走锭

精纺机”结合了阿克赖特机械和珍妮纺纱机的长处，是这两种机械的综合产物。这种纺织机的纱锭数最初为四百个，后来又进一步改进，增加到九百个[11]，使用改进后的纺纱机就可以纺出大量的纱线了。

（一）走锭机工作过程

走锭纺纱机可分为两个部分：一个是固定的，称为固定部分；另一个是不固定的，称为走车（图4-9）。粗纱从粗纱管退卷，绕过导向杆，穿过导纱叉，即进入牵伸装置。牵伸装置有五对罗拉，即一对后罗拉、三对中间罗拉和一对前罗拉。前罗拉的表面速度要比后罗拉快好几倍，粗纱就牵伸成为须条，到达锭子的尖端而绕在纱管上[12]。

走锭纺纱是一种周期性实施纱条牵伸、加捻和卷绕三个工序的纺纱方法。一个周期可分为四个阶段，即牵伸阶段、加捻阶段、退卷阶段、卷绕阶段[12]，这四个阶段分别由三大运动完成；一是走车外出，完成牵伸和加捻；二是退绕，为卷绕做准备；三是走车内行，卷绕并为下一周期纺纱做准备[13]（图4-10[12]）。

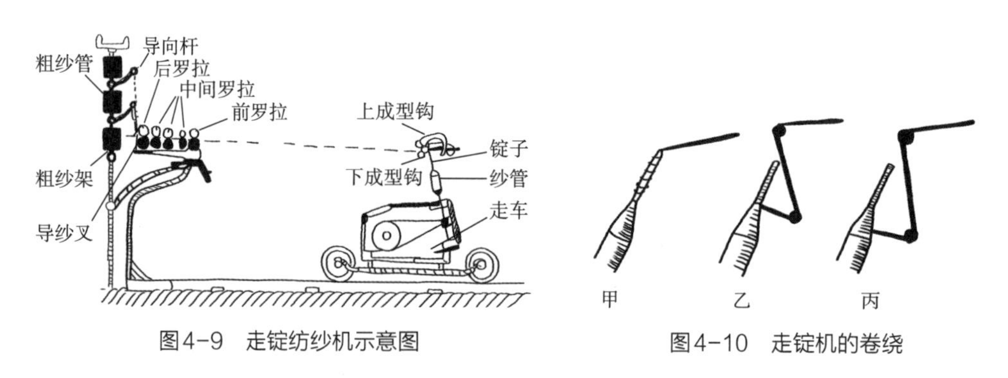

图4-9　走锭纺纱机示意图

图4-10　走锭机的卷绕

纱条在走锭纺中被一边牵伸一边加捻，等到纱线的捻度达到了设计需求后，才能把纺好的纱卷绕到筒管上，这种纺纱方法属于间歇式纺纱。这种间歇式纺纱方法有效提高了纱线的均匀度。当毛条从出条罗拉输出后，经过走架牵伸，从梳毛机上下来的粗细不匀毛条，由于在牵伸过程中就已经被加上了一定的捻度，且细段的捻度多于粗段的捻度，这样不仅增加了纤维之间的抱合力和摩擦力，而且使纱线细段处也不容易牵伸。但是纱条的粗段处则相对容易牵伸，因此达到使纱条逐步变匀的目的[14]。这里要特别说明的是，走锭机由三个阶段的组合构成的不同牵伸形式。这三个阶段分别为走架的出条速度和给条速度相等的无牵伸阶段；给条速度小于走架速度的相对牵伸阶段；给条速度为零，走架继续运动的硬牵伸阶段。

另外按照走锭机的运动形式，可将其分为两类：一类是真正意义上的走锭机，主要特点是锭子走动，粗纱架固定；另一类是立锭走锭机，也被称为立锭走架细纱机，纺纱时锭架不动，粗纱架往复移动[15]。无论哪类走锭细纱机，其工作原理均相同，粗纱在接受牵伸的同时受到捻回控制，卷绕和加捻是分别进行的，可获得条干均匀度优良的细纱[16]。

（二）走锭纺纺纱优缺点

走锭精纺机因为有锭子牵伸，成纱条干极为均匀。走锭纺纱是生产羊绒纱线的最佳纺纱方法[17]。在走锭机上，所有这些纺纱和卷绕的程序都是全自动进行的。

走锭精纺机有它最大的弱点，即效率低、机械耗费大。因为走锭机动作是间歇的，生产率就很低，动作变化很多，还要走进走出，所以机械复杂，制造费用大，动力消耗和占地面积也大，机器的维修、调整都很不简单，挡车工的劳动强度也较高[12]。其只有在纺制少量极细、极粗、弱捻或均匀度要求很高的细纱时才被使用，现在已经被环锭纺等纺纱方法所取代。

四、环锭纺纺纱

环锭纺是最古老的纺纱系统，环锭纺纱机生产的纱线为其他系统生产的产品提供了标准，它是美国人索普在1828年发明的。环锭纺原料适应性广，可以纺各种纤维原料的纱线，所以环锭纺仍然占据了约90%的世界短纤纱市场[18]。环锭细纱机除了拥有专门的牵伸结构，其加捻和卷绕是同时进行的，真正实现了连续纺纱。使环锭纺发展壮大并成为主流纺纱技术的最重要因素就在于钢领、钢丝圈和气圈加捻卷绕形式结构的巧妙和简洁[2]。当今虽然新型纺纱技术不断出现，且其工艺和技术也在进一步成熟和完善，但是由于这些新的纺纱工艺所得到的纱线的结构和性能与环锭纺纱相比，还有一定的缺点，所以环锭纺纱在目前仍然是现代纺纱生产中最重要、最核心的纺纱形式[19]。

（一）环锭纺纺纱过程

粗纱首先从粗纱管上退绕下来，途经导纱杆和往复运动的横动导纱喇叭口，喂入牵伸装置进行牵伸。牵伸变细的须条从前罗拉输出，在锭子和钢丝圈的旋转过程中进行加捻，同时经过导纱钩，穿过钢领上的钢丝圈，卷绕到高速旋转的锭子上的筒管上（图4-11）。

环锭纺的巧妙之处在于钢领、钢丝圈的加捻和卷绕形式。当锭子高速回转，钢丝圈在具备一定张力的纱条带动下在钢领上围绕着锭子高速回转，钢丝圈每转一圈就给牵伸后的须条加一个捻回（图4-12）。纱线带动钢丝圈在钢领上以40m/s

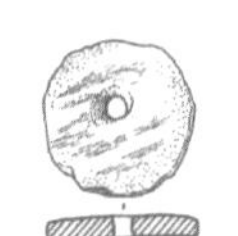

（280km/h）[20]的速度旋转，加捻力矩由钢丝圈逐渐向上（加捻三角区）传递，并急速下降，所以三角区既是成纱区，也是弱环，是决定成纱质量的关键。钢领和钢丝圈对纺纱张力、毛羽、断头等均有很大的影响。合理选配钢丝圈的型号，对稳定纺纱过程，提高纱线质量起到关键作用[21]。

钢丝圈的型号（几何形状）和号数（重量）对纺纱张力和断头率影响较大，另外钢丝圈重量影响纺纱张力的大小及捻度的传递，从而影响纱线毛羽[22]。为此必须根据纺纱线密度、钢领型号及锭速加以选择。一般棉纺中主要采用C型、FL型、FE型及R型钢丝圈，而毛纺中多采用耳型钢丝圈（图4-13[21]）。人为设计的纱线参数、钢领的特点、原纱的强力、锭子的运动快慢，以及气候干湿等条件都是钢丝圈号数选择的重要因素。钢丝圈的选择具体要遵循以下原则：纺纱的细度越小，选择的钢丝圈越轻；锭速快且钢领的直径大时则钢丝圈应选择稍轻的；对于使用新钢领时应将钢丝圈减小2~5号；使用锥边钢领时钢丝圈应减小1~2号；当原纱强力大、管纱长时，钢丝圈可加重；空气湿度低时钢丝圈宜稍重。

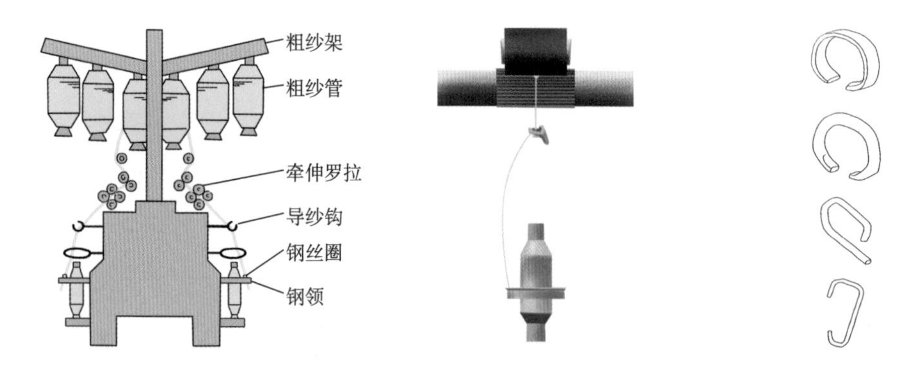

图4-11　环锭纺纺纱示意图　　图4-12　环锭纺加捻装置示意图　　图4-13　钢丝圈形状

钢领是钢丝圈的回转运行轨道，两者之间的配合至关重要。钢丝圈在钢领上以较高的速度进行回转，为避免摩擦等因素影响钢丝圈的运动稳定性，要求钢领圆整光滑、表面硬度高。钢领因几何形状、制造材料及直径等的不同，主要分为两大类，即平面钢领和锥面钢领（图4-14[21]），在生产中可根据需要选择。

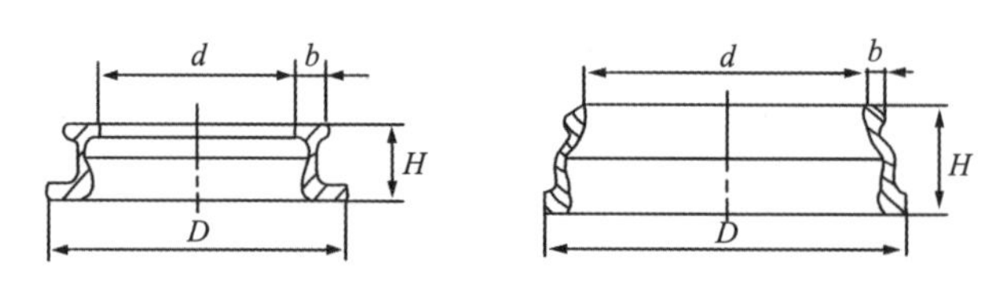

图4-14　平面钢领（左）和锥面钢领（右）示意图

（二）环锭纺纺纱优缺点

对于每一种纺纱系统来说，在提高产量的同时必定会影响成纱质量。为了获得较高的单纱产量，在过去的数十年里人们致力于开发各种新型纺纱工艺，如用转杯纺和喷气纺纺纱，纺纱速度和单纱质量都有显著的提升。但是到目前为止，没有一种新型纺纱系统有像环锭纺那样的适应性，且环锭纺的成纱质量是其他新型纺纱系统无法比拟的。

尽管传统环锭纺是衡量纱线质量的标准，但它还不完美。研究显示[23-25]，环锭纺的产量主要受限于3个因素：一是钢丝圈在钢领跑道上运动时存在速度极限，以滑动摩擦运动方式与钢领配合的钢丝圈是纺纱过程中的不稳定因素之一。同时现有技术的钢丝圈线速度极限约为每秒45m，并难以再大幅度地提升[20]。速度过快会导致钢丝圈因过热而软化，甚至被烧毁。虽然钢丝圈的存在有效地实现了边加捻边卷绕的目标，但是高速运动钢丝圈的存在从根本上限制了纺纱产能的提升。有人用滚动摩擦来改造钢丝圈与钢领间的摩擦系数，提高纺纱速度，但是由于滚动钢丝圈的结构复杂，没有得到广泛推广[22]。二是高速纺纱时，会导致气圈过大从而发生纺纱断头。三是高速化会导致纺纱张力高倍增长，纺纱段的加捻三角区纤维束易发生纺纱断头。另外加捻三角区的存在对纱线表面毛羽的形成及飞花的产生有重要影响，据测约有85%的飞花是加捻三角区产生的，纱线上的毛羽也主要是由于纺纱三角区的存在而形成的[26]。

从纺轮、纺车、走锭纺和环锭纺的纺纱过程和优缺点可以看出，无论是哪种纺纱方法都有其存在和发展的特点，且在发展过程中旧问题解决的同时也伴随着新问题的诞生，正是这些新问题的诞生促进了纺纱工业的发展。从纺轮到环锭纺整个纺纱系统的基本原理没有变，只是在加捻工艺和装置上进行了演化，即牵伸、加捻、卷绕工艺和对应装置的演化。这个演化不是摒除旧的，而是以提高纺纱效率和质量为前提，继承和发扬之前的优点。

第二节 牵伸的传承与演变

一、牵伸工艺的传承与演变

牵伸是将粗纱均匀地抽长拉细到所需要的线密度。其目的是减少须条截面内纤

维的根数，使须条变细，使须条内的纤维定向，消除弯钩。力、速度、距离和时间是牵伸过程完成需要的几个条件。力是牵伸的第一要素，牵伸中涉及握持力、控制力、引导力和牵伸力，这些力的关系要满足纤维头端与尾端、快速纤维与慢速纤维之间产生速度差的要求[27]，纤维变速是完成牵伸的必要条件。

纺轮纺纱的纤维团并没有经过系统的梳理，纤维团处于较开松状态，纤维在纤维团中相互纠缠抱合。纤维两端的握持和纤维位移的发生都是由人的双手完成，一手握持，另一手牵拉。纺轮纺纱方法中的吊锭纺纱，由于纺轮的重力作用，重力牵伸也存在。重力作用的存在有效避免了纺纱过程中纱线的松弛，使纱线一直处于张紧状态。纺轮的重量是成纱质量的关键因素之一[28]。但是由于这种牵伸的人为因素较大，牵伸率极不均匀，导致纱线的条干不匀程度很大，且效率低。由于纤维同时受到纺轮的重力作用拉伸，为了避免断头的产生，所以纤维的强力、长度、人力牵伸程度等均要与纺轮的重量相匹配。一定重量的纺轮在控制力和引导力方面发挥着一定的作用。到了纺车纺纱阶段，牵伸过程由于锭杆的固定，使人的一只手从牵伸中彻底解放出来，牵伸的握持由锭杆和人手来完成，人反向牵拉纤维团，纤维便从纤维团中抽拔滑移，此时的牵伸比纺轮纺纱时的牵伸更为可控。只要人力控制适当，断头出现的概率明显降低。且由于锭子在纺车中的转动具有连续性，属于边加捻边牵伸，加捻牵伸停止时，锭子继续转动实现卷绕，从而提高了纺纱效率。纺车中的控制力和引导力完全由人为控制。

走锭纺出现时，人的双手已经被彻底解放，所有动作的完成全部由机械部件完成。人手的握持演化为罗拉的握持，装有锭子的走车的平移运动产生牵伸力，代替了人为的牵拉产生的牵伸力。这样罗拉握持输出有一定捻度的粗纱在牵伸力的作用下抽长拉细，牵伸率为走车的线速度与罗拉的线速度之比，牵伸率完全可控，走锭纺纱线饱满，条干均匀度高。它继承了纺车中的加捻牵伸，即边加捻边牵伸。锭子在牵伸过程中不仅有转动还有平动。走锭纺中牵伸完成的引导力和控制力的实现靠张力弓来实现。张力弓的存在使纱线在整个纺纱过程中处于张紧状态，是实现牵伸的重要保障。环锭纺纱的牵伸是牵伸系统的巨大进步，牵伸的实现和完成完全由走锭纺中发挥握持作用的罗拉来完成，它继承了走锭纺中握持罗拉的作用，同时又通过增加罗拉的组数，拓展了罗拉的功能。牵伸力、控制力、引导力和握持力全部由罗拉来完成，牵伸率（机械牵伸）为前罗拉速度与后罗拉速度的比值，牵伸是通过罗拉之间的速度差将梳理好的纤维粗条进行牵伸。牵伸的倍数增加，牵伸效率增加。

纺轮、纺车、走锭纺和环锭纺牵伸工艺对比，如表4-1所示。

表4-1　牵伸工艺对比

<table>
<tr><th rowspan="2">牵伸工艺</th><th colspan="2">纺轮</th><th rowspan="2">纺车</th><th rowspan="2">走锭纺</th><th rowspan="2">环锭纺</th></tr>
<tr><th>吊锭纺</th><th>转锭纺</th></tr>
<tr><td>握持力的作用者</td><td rowspan="4">手和纺轮</td><td rowspan="4">手</td><td>手</td><td>罗拉</td><td rowspan="4">罗拉</td></tr>
<tr><td>控制力的作用者</td><td>手和锭子</td><td>走车、张力弓</td></tr>
<tr><td>引导力的作用者</td><td rowspan="2">手</td><td>走车、导纱弓</td></tr>
<tr><td>牵伸力的作用者</td><td>走车</td></tr>
<tr><td rowspan="2">牵伸方法</td><td>人手与纺轮配合，重力牵伸</td><td>一手握持，一手牵拉</td><td>车轮转动带动锭杆转动</td><td>移距大于粗条罗拉的送条长度</td><td>罗拉间的速度差</td></tr>
<tr><td>锭子牵伸、加捻牵伸</td><td>人力牵伸、加捻牵伸</td><td>加捻牵伸、人力配合、锭子牵伸</td><td>锭子牵伸</td><td>罗拉牵伸</td></tr>
<tr><td>牵伸分类</td><td colspan="2">绝对牵伸</td><td>绝对牵伸</td><td>混合牵伸</td><td>相对牵伸</td></tr>
<tr><td>锭子状态</td><td colspan="2">锭子不匀速转动</td><td>锭子转动</td><td>锭子平动和转动</td><td>锭子转动</td></tr>
<tr><td>牵伸效果</td><td>波动性较大，可控性差</td><td>波动性较大，可控性差</td><td>牵伸均匀度提升，可控性增强</td><td>条干均匀度好于环锭纺</td><td>牵伸均匀，可控性高</td></tr>
</table>

从表可知，锭子在纺纱工具的变迁中一直被传承，且存在一定的演变。锭子的牵伸作用从纺轮到走锭纺一直存在，只是发挥牵伸作用的方式在改变。在纺轮的牵伸中，纺轮的重力作用于牵伸。重力牵伸使浮游纤维和带弯钩纤维极少存在于牵伸区，所以落毛也极少。人力控制适当，断头极少，甚至不断头。到了纺车，锭杆的牵伸作用还存在，只是不是重力牵伸，锭子被固定在纺车上，通过固定纱线，人手牵拉实现牵伸。纺车牵伸过程中彻底改变了纺轮纺纱的间歇性，锭子一直处于转动状态，锭子的转动具有辅助牵伸的作用。走锭纺的牵伸继承了纺车中锭子牵伸的功能，且锭子的运动升级为转动和平动，将人手彻底解放出来。环锭纺的牵伸在继承了走锭纺输出罗拉的作用外，还将罗拉的功能进一步扩大化，彻底实现了罗拉牵伸，并将牵伸结构从加捻结构中分离出来。从纺轮、纺车、走锭纺到环锭纺，牵伸作用力的作用者一直在改变。正是由于力的作用者的变迁，使牵伸工艺更为可控和优化。

锭子在牵伸过程中的运动状态也随着牵伸系统的改变而改变。纺轮纺纱在牵伸的过程中，锭子处于变速状态。由于纱线加捻到了握持点，为此先需进行一定程度的解捻，牵伸中纤维产生位移，锭子的转速是变化的，它随着纺车轮的速度改变而改变。走锭纺采用的是“加捻牵伸”[13]，锭子在平动牵伸过程中不断转动给纱加捻，锭速是分级的。由于锭子先要退绕才能保证牵伸，这正是继承了纺轮纺纱中先解捻再牵伸的工艺。环锭纺的牵伸全部由牵伸机构中的罗拉完成，输入罗拉与输出罗拉之间的速度差，使须条产生相对位移从而实现牵伸，牵伸时是匀速转动的。不同纺纱机构中锭子的转速如图4-15所示。

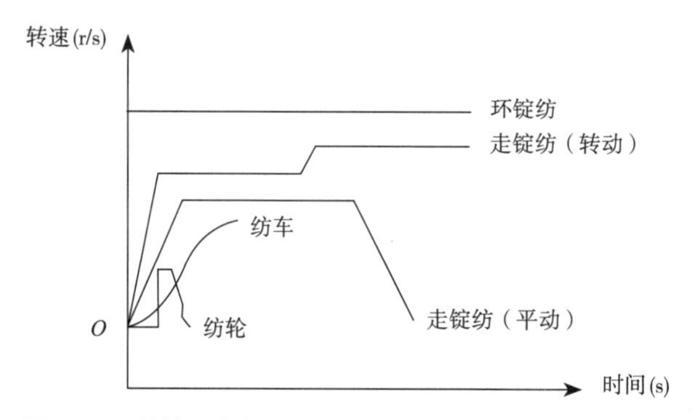

图4-15　纺轮、纺车、走锭和环锭纺牵伸过程中锭子的转速

二、牵伸机构的传承与演变

从纺轮到环锭纺，由于力的作用者的改变，牵伸机构也在改变（图4-16）。从纺轮到纺车虽然力的作用者没变，即都是人和锭杆在作用，但是作用的方式发生了变化。之前纺轮中由双手完成的牵伸动作，到了纺车阶段，由固定的锭杆和人配合完成。锭子从竖立变为横卧，从自由状态变为固定状态。走锭纺阶段，力的实现全部由机械部件完成，但是它继承了纺车中锭子的牵伸作用，走车的平动代替了人手的牵拉。走锭纺中的加压罗拉实现了纤维的有效握持，这个罗拉就是在模仿纺轮、纺车人手作用方式和方法上的发明创造。环锭纺阶段，罗拉的作用在走锭纺的基础上

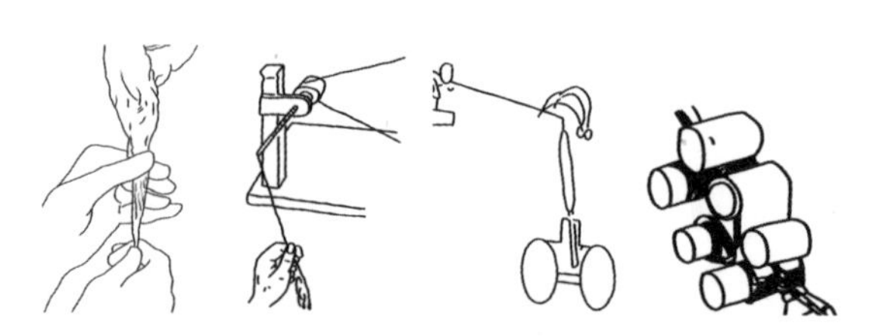

图4-16　纺轮、纺车、走锭纺和环锭纺的牵伸机构

进一步被利用和扩大化。走锭纺阶段，罗拉的作用是代替了一只手对纤维的握持。到了环锭纺阶段，罗拉继续发扬了模仿手的作用，将牵拉的实现依靠罗拉完成，通过罗拉之间的速度差来实现牵伸，完全取代了锭子在牵伸中的作用。走锭纺中锭子的平动巧妙地被变速罗拉取代。

从纺织发展史来看，牵伸曾用过不同的方法。一是手工牵伸，将杂乱的纤维团利用手的配合实现牵伸，如纺轮纺纱中的牵伸。二是借助机械，将杂乱的纤维团通过人力与机器配合实现牵伸，如纺车。三是先将原料弹松、梳理、制成粗条，在粗条中抽引一定数量的纤维，一边抽引，一边回转加捻，如此连续进行，纺成所需的纱。这种捻合牵伸也被应用于初期的机器纺纱上，如走锭牵伸。四是1738年L.保罗应用的罗拉牵伸。罗拉牵伸使牵伸与加捻、卷绕分开进行，大大地提升了牵伸的倍数和效率。牵伸罗拉从2对发展到5对，每道工序用的牵伸倍数为4~8倍，再发展到牵伸倍数为100~300倍。罗拉牵伸使牵伸倍数和牵伸质量得到了质的飞跃，一直被沿用至今。

第三节

加捻的传承与演变

一、加捻工艺的传承与演变

加捻是给牵伸后的须条加上适当的捻度，赋予成纱一定的强度、弹性和光泽等物理机械性能。其目的是改善纱线强力和改变织物风格。加捻是成纱技术的关键。

加捻动作的完成需要具备两个基本条件，即握持和旋转。纺轮纺纱，握持的实现由人来控制，巧妙地利用了转体纺轮的转动惯性，实现了半连续的回转加捻。纺轮旋转一周便给纱线加上一个捻回，属于锭尖加捻。但是在纺轮加捻过程中，由于捻杆转速处于先加速、匀速、后减速状态，单位时间内的捻数难以控制，且由于卷绕的滞后，导致已经加捻的纱线被重复加捻，从而产生过度捻，造成捻度不匀。纺轮中锭子转动的不连续性，使加捻效率低。纺车加捻继承了纺轮中锭子的作用，靠锭子的回转加捻，且还是锭尖加捻。但是锭子的转动，不再是依靠惯性旋转，而是通过绳轮传动，实现了锭子连续转动，加捻效率更高、更省力，假设锭子半径

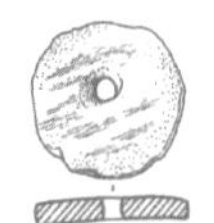

0.5cm，绳轮半径30cm，绳轮转动一圈，锭子就转动50~80圈[29]。在纺车纺纱阶段，加捻工艺的可控性增强。

从加捻效率上来看，纺轮、纺车属于人力驱动，走锭纺和环锭纺属于电力驱动。在加捻效率反馈上，它们之间也存在一定的差异，如表4–2所示。纺轮自转一周，加一个捻回；纺车车轮自转旋转一周带动锭杆自转几十周，加几十个捻回；走锭纺锭子高速自转，锭子旋转一周加一个捻回；环锭纺锭子自转带动钢丝圈公转，钢丝圈公转一周加一个捻回，钢丝圈转动一圈，锭子已经转动了很多圈。如果能将环锭纺中高速转动的锭子的转动圈数全部转化为捻数，这无疑是纺织业发展的重大创举。

表4-2　锭子转动圈数与捻回的关系对比

纺纱系统	纺轮	纺车	走锭纺	环锭纺
N与n的关系	$N=n$	$N=n$	$N=n$	$N=n-v/\pi d$

注　式中N为单位时间内纱线获得的捻回数；n为捻杆（锭子）的转速，r/min；v为前罗拉的线速度，m/min；d为纱管直径，mm。

走锭纺继承了纺轮、纺车中的锭端加捻，也继承了纺车中的加捻牵伸。锭子从纺车中的横卧到走锭纺又竖立起来，且在走锭纺中锭子在加捻牵伸阶段一直处于转动状态。由于锭子放置状态的改变，捻回的传递方向也在变化，从纺轮中的自下而上传递，到纺车中自左向右传递，再到走锭纺又变回自下而上传递，且这种传递方式到环锭纺没有变化。环锭纺的加捻，继承了锭子的转动，但是传递的方法较之前有了质的飞跃。从之前靠锭子自转加捻演变为钢丝圈围绕锭子的公转加捻，解决了加捻和卷绕的分离问题，大大提高了纺纱效率。锭子不停地自转，钢领沿着锭子的轴向上下运动，由于纺纱张力，钢丝圈被带动在钢领上绕着锭子公转，这样捻回得到了有效的传递。环锭纺纱，锭子高速回转，通过有一定张力的纱条带动钢丝圈在钢领上高速回转，钢丝圈每回转一个圈就给须条加上一个捻回[30]。卷绕也能随着钢领的上下运动来实现。解决了加捻和卷绕的分离问题，实现了连续纺纱，大大提高了纺纱效率。从纺轮到环锭纺，加捻的工艺对比，如表4–3所示，加捻如图4–17所示。

表4-3　加捻工艺对比

加捻	纺轮	纺车	走锭纺	环锭纺
主体	纺轮	锭杆	锭杆	钢领、钢丝圈的转动

续表

加捻	纺轮	纺车	走锭纺	环锭纺
捻力	回转体的惯性	绳轮传动	电力转动	电力转动
加捻点	捻杆顶端	锭尖（低张力纺纱）	锭尖加捻	钢丝圈（高张力纺纱）
动作	牵伸、加捻同时进行	牵伸、加捻同时进行	牵伸、加捻同时进行	加捻、牵伸、卷绕同时进行
捻回传递	自下而上	自左而右	自下而上	自下而上
锭子位置	竖立、纵向倾斜	横卧、横向倾斜	纵向倾斜	竖立
来源	纺轮	绳轮传动	锭子转动	钢丝圈

走锭纺继承了纺轮、纺车所采用的锭端加捻，这种加捻方式在环锭纺中由于钢领的引入而被改变。现阶段，为解决由于环锭纺的高速运动引起的断头问题，又开始重新启用锭端加捻，有效地解决了因大卷装筒管加长引起的纺纱张力和强力的矛盾，实现了环锭纺纱机上减小气圈和低张力纺纱[4]。

在加捻工序中，锭子的转动一直是存在的，但是不同的纺纱系统，锭子的转动速度不同（图4-18）。纺轮、纺车加捻都是先加速后减速，到了走锭纺加捻阶段，锭子的速度先加速后匀速，到了环锭纺阶段，锭子一直匀速运动。锭子运动状态的改变，直接促进了捻回在纱线上的均匀分布，提升了纱线质量和纺纱效率。纺轮、纺车和走锭纺都是加捻时不卷绕，卷绕时不加捻，都是采用锭子回转直接加捻，纱条在加捻过程中既不受到摩擦也不经过碰撞，成纱“落毛”很少，纱条相对丰满均匀。

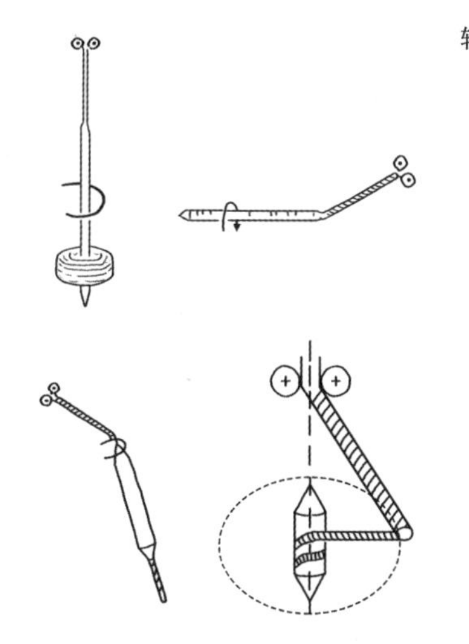

图4-17　纺轮、纺车、走锭纺和环锭纺加捻图

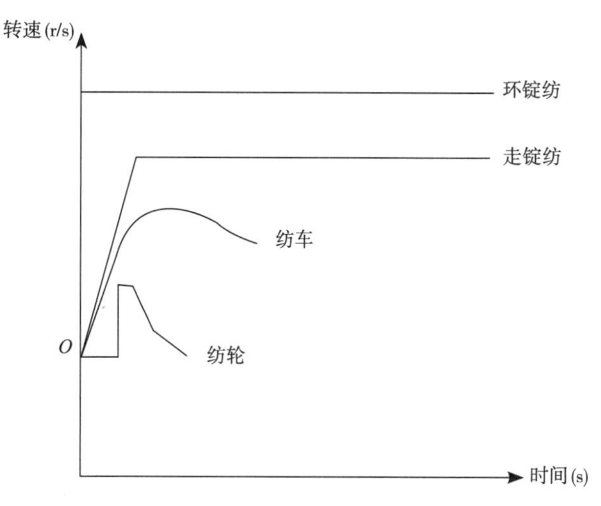

图4-18　纺轮、纺车、走锭纺和环锭纺加捻过程中锭子的转速

另外，目前为减少毛羽而出现的位移加捻方法[31-35]，即在前罗拉钳口至导纱钩之间安装了一个横动导纱钩装置（图4-19[36]），通过调节横动导纱钩的位置，就可以形成不同偏移量的左斜或右斜纱路，实现位移量可控。这种位移纺纱加捻实际在纺轮使用阶段就已经被利用。由于纺轮转动过程中摆动（公转）的存在，使纱线在加捻过程中也存在着一定的左右摆动，这种摆动正好使牵伸区的纤维存在一定的左右偏移。在纺车和走锭纺纱中，由于牵伸、加捻并不在一个平面内完成，牵伸区与加捻区也存在一定的偏移（图4-20）。到了环锭纺阶段，这种偏移不存在。但是现在为了改善纱线的毛羽，专家开始利用曾经在纺纱系统中已经存在的偏移作用。过去曾经被忽视和忽略的不可控因素，正在以一种新的形势和面貌被发现和利用。

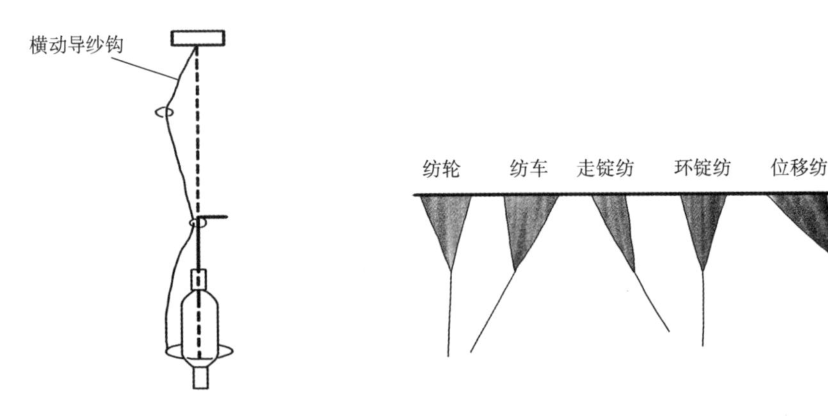

图4-19　加捻横动导纱器导纱示意图

图4-20　加捻三角区纤维偏移示意图

走锭纺给粗纱的预加捻也被运用到了环锭纺中。不同的是预捻环锭纺是对被牵伸出来的须条进行预捻。须条经过牵伸之后进入空气预捻器，须条外层中张开的自由端受到预捻器中旋转涡流的预捻作用对中心须条进行包缠。从握持罗拉出来的预捻须条再接受环锭加捻的作用，中心须条加上捻度[37]。这种预捻方式能有效减少纱线的毛羽。

二、加捻装置的传承与演变

从纺轮到环锭纺，加捻的主体结构一致没有变，主要是锭子发挥作用（图4-21）。但是锭子转动的动力来源在改变。纺轮中捻杆和轮是合为一体的，捻杆的持续转动是靠纺轮的转动惯性来实现。而纺车中轮与杆分离，锭杆的转动仍然依靠纺车轮的转动，通过绳轮传动带动锭杆转动。这个时候小小的纺轮已经演化为大的纺车轮。从纺轮到纺车，纺轮的惯性转动被纺车中绳轮传动取代，纺轮演化为大的绳轮。到了走锭纺阶段，为适应电力生产高度运动的要求，锭子本身的内部结构是改造的重点，但是加捻的主体仍然是锭子。到了环锭纺阶段，加捻的主体结构已经增加为锭子、钢领和钢丝圈。纺轮在环锭纺中的体现为钢领、钢丝圈且与锭杆分离，纺轮的变体又开始出现。钢丝圈对纺纱张力、毛羽、断头有很大的影响，合理选配钢丝圈的型号，对稳定纺纱过程，提高纱线质量起关键作用[21]。这正如纺轮的重量、直径对纺纱效率和质量的影响。重量大的纺轮，纺纱张力过大，容易导致断头。必须根据纤维类别和纺纱需求合理选配纺轮。另外，纺轮纺纱中有一定“公转”情况的发生，吊锭纺中，由于纺轮悬吊在空中，捻杆转动的时候，纺轮存在一定程度的摆动，即“公转”，转锭纺中，避免了重力的作用，直接将纺轮置放在碗状器（图4-22）。这个圆状器的存在，使纺轮在固定的、有限的范围内“公转”。这一现象在环锭纺中被巧妙地加以利用，碗状器演化为钢丝圈的运动轨道，即钢领。而之前作为动力源、加捻器的纺轮也在时代的进程中演化为环状钢丝圈（图4-23），带动纱线加捻、卷绕。且这种公转、自转到公转的演化过程，巧妙地实现了牵伸、加捻、卷绕的同步进行，大大提高了纺纱效率。

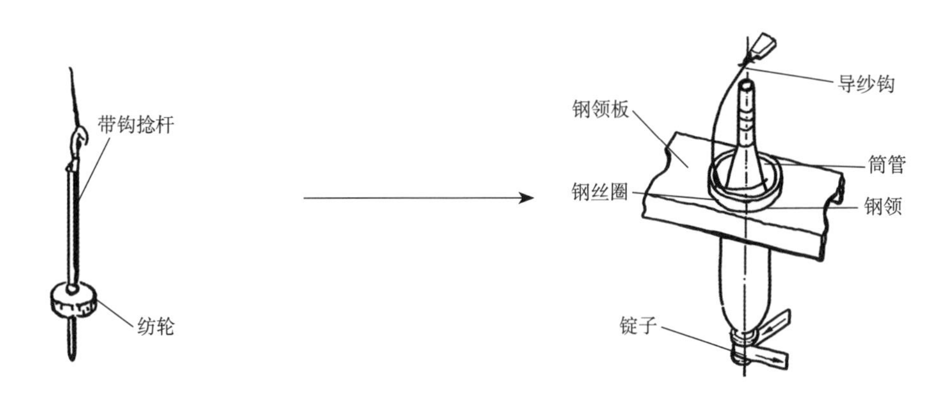

图4-21　纺轮与环锭纺的加捻装置示意图

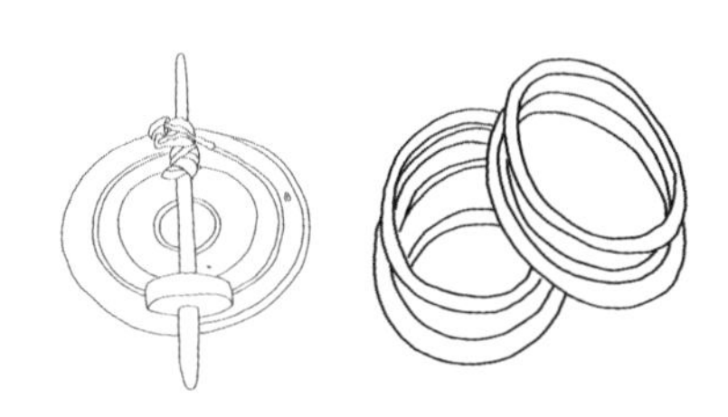

图4-22　转锭纺碗装器（左）和钢领（右）示意图

图4-23　纺轮（左）和钢丝圈（右）示意图

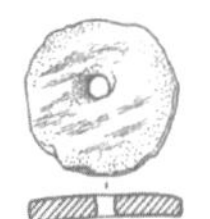

第四节

卷绕的传承与演变

一、卷绕工艺的传承与演变

卷绕是将细纱按一定要求卷绕成形，便于运输、储存和后序加工。合理的卷装对后续的加工非常重要。纱线卷绕的完成必须有两个运动：一是卷绕部件的转动，二是卷绕点相对于卷装的往复运动，即导纱。

纺轮的卷绕完全是依靠手动完成，人手送纱，人手卷绕，纺一段纱，卷绕一段，属于间断性卷绕。纺车卷绕时，人手停止摇动纺车，锭子继续转动，锭速下降，执纱的手通过提拉纱线使纱从锭子的顶端移动到锭子的卷绕部分，锭子转动的同时人手顺着卷绕的作用送纱，完成圆锥状卷绕。纺轮和纺车中卷绕点相对于卷装的往复运动的实现是通过人手的送纱完成的。走锭纺的卷取是在锭子反转（将锭尖的纱退绕）完成之后进行的，卷取是在进车（送纱）过程中完成的。进车速度与卷取速度是一样的，否则纱就被拉断或松弛。且由于卷绕半径的改变，锭子的速度必须是变化的，直径减少，锭速增大；直径增大，锭速减小[13]。走锭纺卷绕点相对于卷装的往复运动是在导纱弓的配合下完成的。环锭纺的卷绕是依靠钢领板带着导纱器件（钢领和钢丝圈）做往复升降运动，完成导纱（图4–24）；利用锭子与钢丝圈的速度差完成卷绕。纺轮到环锭纺卷绕工艺的演进，如表4–4所示。

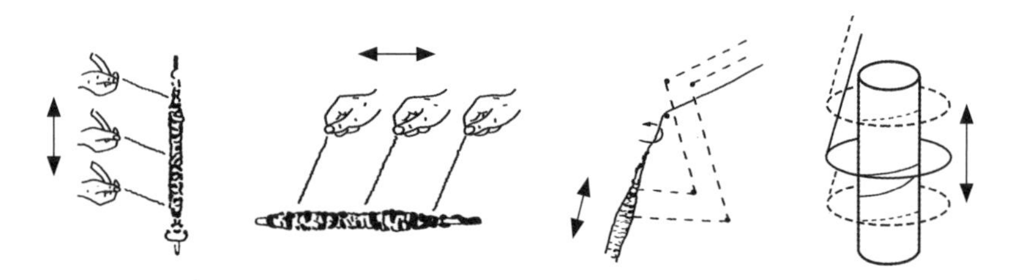

图4–24 纺轮、纺车、走锭纺和环锭纺卷绕对比

表4–4 卷绕工艺的演进

卷绕工艺	纺轮	纺车	走锭纺	环锭纺
卷绕方法	人手绕着捻杆转动	人引导纱线沿着锭子轴向左右运动	导纱弓带动纱线沿着锭子轴向上下运动	钢领板与锭杆的相对移动卷绕

续表

卷绕工艺		纺轮	纺车	走锭纺	环锭纺
卷绕运动	转动	捻杆	锭子	锭子	锭子
	往复运动	手工	手工	导纱弓升降运动	钢领板（带动钢领、锭子）上下往复运动
卷绕的主体机构		捻杆	锭杆	锭杆	锭杆
动作		卷绕独立进行	卷绕独立进行	先退绕再卷取	边加捻边卷绕
		全手动	半自动	全自动	全自动

锭子捻杆在纺轮、纺车、走锭纺加捻牵伸阶段的变速运动特点，以及走锭纺中卷绕时锭速的分级在现阶段又成为卷绕中解决断头和均衡落纱中断头分布的有效措施（图4–25[4]）。锭子在匀速传动时，落纱的断头分布是小纱最多，大纱次之，中纱最少。小纱断头率高，限制了锭速的提高，中纱的锭速潜力得不到发挥，影响了生产率。张力大小与锭速的平方成正比，如果大小纱采用较低锭速，中纱用较高锭速，就会均衡张力和断头分布[6]。

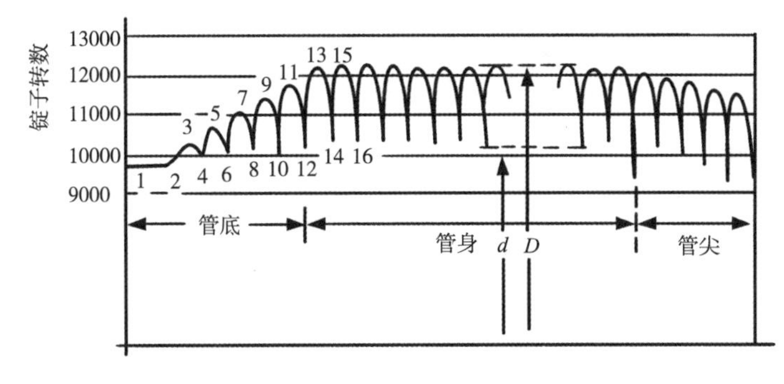

图4–25　锭子变速图

二、卷绕装置的传承与演变

从纺轮到环锭纺，卷绕的主要部件一直是锭子。卷绕的配合装置一直在变化，如表4–5所示。从人手配合纱线运动到机器操控纱线运动，且这些运动的完成都是在配合锭子转动的基础上完成的。

表4-5 卷绕装置的演进

卷绕装置	纺轮	纺车	走锭纺	环锭纺
装置主要构件	纺轮、捻杆转动，完成加捻及部分牵伸工作	绳轮和锭子转动，完成加捻牵伸工作	导纱弓和锭杆正转、反转	钢领、钢丝圈和锭子
卷绕动力来源	人转动捻杆	锭杆转动	锭杆转动的同时，导纱弓和张力弓上下运动	钢领沿着锭子方向上下运动
运动形式	间歇式	间歇式	间歇式	连续式

第五节

导纱器的传承与演变

适当的张力是保证正常加捻、卷绕的必要条件。导纱钩不仅是纱线的引导装置，也是稳定纱线张力的重要部件，是纺纱系统中的重要组成部分。不同的纺纱系统，导纱器的形态和功能也不一样（图4-26）。最初的纺轮并没有导纱钩的存在，直至春秋战国时期，才开始出现带有弯钩的纺轮[5]。纺轮中弯钩的存在，不仅具有定捻的作用[2]，而且可以使纱线与捻杆同在一条中心抽线上，有效减少纺轮在转动过程中的摆动，使捻回的传递更加有效。这正如环锭纺细纱机上，锭子在轴向垂直、定位可靠的同时，要求锭子回转轴线、钢领中心、导纱钩中心三者同心，俗称“三同心”。实现“三同心”，对稳定纱线张力，正常气圈形态，平稳锭子振动，降低断头，减少毛羽，提高成纱质量极为重要[38]。否则就会导致锭子的振动加剧，毛羽增多，成纱质量下降。纺车中无任何导纱装置，完全是人手配合锭子的转动完成纱线的运动。而在走锭纺中，导纱弓和张力弓的作用主要是在纱线卷绕过程中体现出来的，实现纱线的上下移动，并给纱线施加一定的张力，确保纱线不被拉断或者松弛。

图4-26 纺轮、走锭纺和环锭纺中的导纱钩示意图

第六节

纺纱发展展望

纺纱技术的发展一直未曾停止，环保、节能、高产是纺织工业孜孜不倦的追求。从纺轮纺纱到环锭纺纺纱中的装置和工艺的传承和演进中可见一斑，如表4-6、表4-7所示。

表4-6 装置的传承与演进

<table>
<tr><th colspan="3">手工</th><th colspan="2">机械</th></tr>
<tr><td colspan="2">纺轮</td><td>纺车</td><td>走锭纺</td><td>环锭纺</td></tr>
<tr><td colspan="2">捻杆</td><td>锭子</td><td>锭子</td><td>锭子</td></tr>
<tr><td colspan="2">纺轮</td><td>车轮</td><td>—</td><td>钢丝圈</td></tr>
<tr><td colspan="2">圆状器</td><td>—</td><td>—</td><td>钢领</td></tr>
<tr><td colspan="2">导纱钩</td><td>—</td><td>导纱弓</td><td>导纱钩</td></tr>
<tr><td>牵伸</td><td>人与纺轮</td><td rowspan="4">人手与锭杆配合完成</td><td>走车</td><td>罗拉</td></tr>
<tr><td>导纱</td><td></td><td>张力弓、导纱弓</td><td>导纱钩</td></tr>
<tr><td>卷绕</td><td>人手</td><td>—</td><td>—</td></tr>
<tr><td>握持</td><td>人手</td><td>罗拉</td><td>罗拉</td></tr>
</table>

表4-7 工艺的传承与演进

<table>
<tr><th>纺纱工具</th><th>使用时间/年</th><th>每单元锭（捻杆）数/个</th><th>锭速/（r/min）</th><th>牵伸</th><th>加捻</th><th>卷绕</th></tr>
<tr><td rowspan="3">纺轮</td><td rowspan="3">8000</td><td rowspan="3">1</td><td rowspan="3">150</td><td>手、纺轮牵拉</td><td>自转</td><td>手动</td></tr>
<tr><td colspan="2">合（同时）</td><td>—</td></tr>
<tr><td></td><td colspan="2">分（交替）</td></tr>
<tr><td rowspan="3">纺车</td><td rowspan="3">2000</td><td rowspan="3">1~5、30~40</td><td rowspan="3">1500~2400</td><td>加捻牵伸</td><td>自转</td><td>半人工</td></tr>
<tr><td colspan="2">合（同时）</td><td>—</td></tr>
<tr><td></td><td colspan="2">合（交替）</td></tr>
<tr><td rowspan="3">走锭纺</td><td rowspan="3">240</td><td rowspan="3">300~400</td><td rowspan="3">10000</td><td>加捻牵伸</td><td>自转</td><td>全自动</td></tr>
<tr><td colspan="2">合（同时）</td><td>—</td></tr>
<tr><td></td><td colspan="2">分（交替）</td></tr>
<tr><td rowspan="3">环锭纺</td><td rowspan="3">210</td><td rowspan="3">400~800</td><td rowspan="3">18000~22000</td><td>罗拉牵伸</td><td>公转</td><td>全自动</td></tr>
<tr><td colspan="2">分（同时）</td><td>—</td></tr>
<tr><td colspan="3">合（同时）</td></tr>
</table>

注 分（交替）是指结构（动作）。

为了实现纺纱的高效率、高质量，市场上目前已经出现了许多新型纺纱方法，如转杯纺、喷气纺、静电纺、摩擦纺、平行纺、涡流纺、自捻纺，以及在环锭纺上稍做革新而形成的赛络纺、赛络菲尔纺、索罗纺（国内又称缆型纺）和集聚纺等。这些纺纱方法部分地取代了传统方法，以更高的效率生产纱线。这些纺纱新技术的出现，不仅促进了纺纱技术与设备水平的升级，同时也为提高成纱质量和多元化的产品风格提供了可能。

现在市场上环锭纱仍占主导地位，尤其是生产低支数的纯棉纱更有优势。因此，对传统环锭纺纱应取其精华去其糟粕，扬长避短。对环锭纺的技术进一步改进和革新，使其继续发挥应有的作用。例如，紧密纺[39-40]、嵌入纺[41]、集聚纺[42-43]、数码纺纱[44]等，在环锭细纱机上改进粗纱的喂入纺纱，或者如位移纺等改变加捻三角区[34]，或者曲线牵伸[45]。通过分束、集聚、助捻等机械外力强化纤维控制，进一步改进和完善环锭纺纱工艺系统，满足纺纱品种和质量优化的需求。

虽然喷气纺、转杯纺等改变了牵伸、加捻方式，但是其被大面积推广还存在一定的局限性。例如，喷气纺，它对柔性纤维适纺性好，对刚性纤维纺纱的难度较大，故生产品种有局限性[46]。目前占据主要市场的纺纱工艺仍然继承着最原始的纺纱原理。为此，进一步完善喷气纺等纺纱工艺和开发新的纺纱原理已成为纺纱产业亟须解决的关键问题。

另外，现代的纺纱应结合各个纺纱系统的优势，如利用纺轮、纺车的锭端加捻，纺纱段处于低张力；利用走锭纺的锭杆牵伸，获得条干均匀度好的纱线；利用喷气纺等消除加捻三角区，采用空气加捻等。将这些手段有机结合起来，以期能获得纺纱速度高，工艺流程短，产品质量好，有特色，品种适应广，低成本能耗、低碳环保的纱线高端制造技术。

同时结合材料学中的问题要素，在纺纱过程中通过物理或者化学的方法，在线改善短纤维原料成纱性能，从而优化纱线品质。如在环锭纺纱三角区设置熨烫接触面，仅对局部成纱区内须条纤维进行湿热处理（能耗低），达到纤维玻璃化转变温度，瞬间降低纤维刚度，提高纤维受控性能的柔顺光洁纺纱技术[47]。

人在纺纱系统中一直发挥着举足轻重的作用。纺纱系统的提升过程实际上就是人工逐步由机器取代的过程，但是在取代过程中由于过于机械化也会导致断纱等一系列问题，纺纱系统最终将向人工智能化发展，如同纺轮、纺车中有人的参与，适时调整系统的各种力的作用大小，避免断头等问题的出现，进一步提高纺纱效率，节约成本。例如，USTER® SENTINEL系统的应用为整个纺纱流程的质量数据开辟了新的通道，为纺织厂创造了更多品质优化的可能性。对于纺织厂而言，这意味着在实现卓越品质的道路上迈了重要的一步[48]。在国家“2025智能制造”这一大背景下，以信息数控为基础的智能系统在纺纱技术中的应用必将大大推动纺纱技术的发展，给纺织工业的发展带来全新的变化。

本章小结

在纺轮向环锭纺的演化过程中，牵伸、加捻、卷绕的原理一直是被传承的。为了彻底实现机械化生产，人为力量逐步被机器设备所取代。为了更高效和更高质量地纺纱，牵伸、加捻、卷绕从动作和结构的分到合，逐步实现了动作同步进行。在这个过程中，锭子一直是加捻和卷绕的主体。在环锭纺出现之前，锭子还充当了牵伸的功能，它不仅是加捻的主体，也是牵伸的辅助机构。且在不同的机构中，锭子的速度也在改变。

从锭端纺纱、位移纺纱的提出和利用及锭速分级的再利用，得知过去曾经被忽视和忽略的不可控因素，正在以一种新的形势和面貌被发现和利用。

纺轮从转动的主体的惯性动力源，慢慢演变为大的转动的绳轮，最后演变为钢丝圈。纺轮转锭纺中的碗装器演变为钢领，成为钢丝圈（纺轮替代物）的运动轨道。新石器时代的纺轮在现代纺纱系统中以新的形态和作用方式存在。

人在纺纱系统中一直发挥着举足轻重的作用。纺纱系统的提升过程实际上就是人工逐步由机器取代的过程，但是在取代过程中由于过于机械化也会导致断纱等一系列问题，纺纱系统最终将向人工智能化发展，如同纺轮、纺车中有人的参与，适时调整系统的各种力的作用大小，避免断头等问题，进一步提高纺纱效率，节约成本。

参考文献

[1] 徐红，尹晓东，郭琳. 不同纺纱系统纺纯棉纱线性能比较分析[J]. 针织工业，

2009(6):13-15,72.

[2] 倪远. 环锭细纱机加捻卷绕技术结构现状与创新评析[J]. 上海纺织科技, 2009,37(5):57-59.

[3] 颜思久. 木器时代初探[J]. 贵州民族研究,1982(2):149-153.

[4] 于修业. 纺纱原理[M]. 北京:中国纺织出版社,1995:10,171-239.

[5] 李强,李建强,李斌,等. 中国古代纺纱和制绳的工艺关系初探[J]. 广西民族大学学报:自然科学版,2012,18(1):11-16.

[6] 朱新予. 中国丝绸史(通论)[M]. 北京:纺织工业出版社,1992:23.

[7] 李强,李斌,杨小明. 中国古代手摇纺车的历史变迁——基于刘仙洲先生《手摇纺车图》的考证[J]. 丝绸,2011,48(10):45.

[8] 赵翰生. 中国古代纺织与印染[M]. 北京:中国国际广播出版社,2010:128-130.

[9] 敦煌研究院. 敦煌石窟全集:科学技术画卷[M]. 北京:商务印书馆,2001:211.

[10] https://baike.baidu.com/item/%E7%BA%BA%E8%BD%A6/2261877?fr=aladdin.

[11] 中山秀太郎. 世界机械发展史[M].石玉良,译. 北京:机械工业出版社,1986.

[12] 魏春身,苏钟奇. 精梳毛纺精纺基本技术知识[M]. 北京:纺织工业出版社, 1959.

[13] 汪静涌,贾正宏. 走锭细纱机[J]. 毛纺科技,1985(5):31-35.

[14] 吕晓红,武永祥. 走锭纺羊绒针织纱的支数控制[J]. 天津纺织科技,2006(1):28-30.

[15] 王春华,张希红. 走锭细纱机制造技术最新进展[J]. 毛纺科技,2014,42(11):38-40.

[16] 郁崇文. 纺纱系统与设备[M]. 北京:中国纺织出版社,2005.

[17] 魏晓娟,李龙,畦睦. 环锭纺和走锭纺山羊绒纱线性能比较[J]. 现代纺织技术,2012,20(4):21-23.

[18] 王善元,于修业. 新型纺织纱线[M]. 上海:东华大学出版社,2007:14.

[19] 吕悦慈. 浅谈环锭纺纱新技术[J]. 江苏纺织,2005(7):24-26.

[20] 于吉成,张明光,曹继鹏. 环锭纺纱加捻卷绕装置的研究与分析[J]. 辽宁丝绸,2017(1):8-10.

[21] 郁崇文. 纺纱学[M]. 北京:中国纺织出版社,2009:204-205.

[22] 吴春英. 环锭纺钢领、钢丝圈的使用[J]. 电子制作,2013(7):215.

[23] 郭桂芬. 浅谈钢领的使用及其发展[J]. 纺织器材,2009,36(2):27-30.

[24] HEITAMNN U,SCHNEIDER J.环锭纺的发展潜力[J]. 国际纺织导报,2008(12):23-24,26-27.

[25] 庾在海. 新型纺纱加捻卷绕系统的研究[D]. 上海:东华大学,2006.

[26] 高晓平,王建坤. 紧密纺纱成纱机理及特点分析[J]. 北京纺织,2004(2):24-26.

[27] 谢家祥. 浅析环锭纺纱牵伸问题与应用[J]. 棉纺织技术,2017,45(3):16-21.

[28] 罗瑞林. 纺轮初探[J]. 中国纺织科技史资料,1981(6): 34-40.

[29] 刘蕴莹. 基于技术元素视角的元代棉纺技术及其溯源研究[D]. 上海:东华大学,2017:70-77.

[30] 谢春萍,王建坤,徐伯俊. 纺纱工程(上册)[M]. 北京:中国纺织出版社,2012:280-281.

[31] HUA Tao,TAO Xiaoming,et al. Effects of geometry of ring spinning triangle on yarn torque (Part Ⅱ):distribution of fiber tension within a yarn and its effects on yarn residual torque[J].Textile Research Journal,2010,80(2):116-123.

[32] WANG Xungai, CHANG Lingli. Reducing yarn hairiness with a modified yarn path in worsted ring spinning[J]. Textile Research Journal,2003,73(4):327-332.

[33] THILAGAVATHI G,GUKANATHAN G,MUNUSAMY B. Yarn hairiness controlled by modified yarn path in cotton ring spinning[J]. Indian Journal of Fibre Textile Research,2005,30(3):295-301.

[34] 刘可帅,李婉,余豪,等. 纺纱三角区形态变化对环锭纱线质量的影响[J]. 纺织学报,2014,35(12):36-40.

[35] 任亮. 减少环锭纺纱毛羽的新思路——错位纺纱[J]. 上海纺织科技,2009,37(3) : 16-17.

[36] 吴婷婷,苏旭中,谢春萍,等. 位移纺纱加捻三角区研究[J]. 棉纺织技术,2012,40(5):15-18.

[37] 陈澄,王克毅,华志宏,等. 预捻环锭纺的预捻原理及其实验研究[J]. 东华大学学报(自然科学版),2015,41(5):602-607.

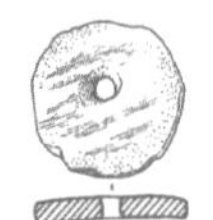

[38] 李学成. 锭子的使用与维护保养[J]. 上海纺织科技,2007(6):19-21,31.

[39] 练永华. 紧密纺纱的原理与应用[J]. 福建轻纺,2006(1):15-19.

[40] 覃洁宁. 环锭纺纱新技术——紧密纺[J]. 广西纺织科技,2006(4):38-41.

[41] 徐卫林,夏治刚,丁彩玲,等. 高效短流程嵌入式复合纺纱技术原理解析[J]. 纺织学报,2010,31(6):29-36.

[42] 陈春义,刘长桂,张志斌. 集聚纺纱的生产实践[J]. 纺织器材,2009,36(3):31-34.

[43] 汪燕,邹专勇,华志宏,等. 网格圈型集聚纺集聚区纤维运动轨迹模拟分析[J]. 纺织学报,2009,30(10):48-52.

[44] 高卫东,郭明瑞,薛元,等. 基于环锭纺的数码纺纱方法[J]. 纺织学报,2016,37(7):44-48.

[45] 罗婷,纪峰,程隆棣,等. 双S曲线软牵伸纺纱技术[J]. 纺织学报,2017,38(7):34-38.

[46] 章友鹤,朱丹萍,赵连英,等. 新型纺纱的技术进步及产品开发[J]. 纺织导报,2017(1):58-61.

[47] 徐卫林,夏治刚,陈军,等. 普适性柔顺光洁纺纱技术分析与应用[J]. 纺织导报,2016(6):63-66.

[48] 高华斌,梁莉萍. USTER®SENTINEL全面优化环锭纺纱[J]. 中国纺织,2017(1):73.